旺苍县气候资源分析与应用

主编单位　四川省气象局
主　　编　马振峰　郭海燕

西南交通大学出版社
·成都·

图书在版编目（CIP）数据

旺苍县气候资源分析与应用 / 马振峰，郭海燕主编
. —成都：西南交通大学出版社，2018.9
ISBN 978-7-5643-6450-2

Ⅰ. ①旺… Ⅱ. ①马… ②郭… Ⅲ. ①气候资源－研究－旺苍县 Ⅳ. ①P468.271.4

中国版本图书馆 CIP 数据核字（2018）第 221227 号

旺苍县气候资源分析与应用

主　　编　马振峰　郭海燕
责任编辑　牛　君
助理编辑　何明飞
封面设计　墨创文化

出版发行　西南交通大学出版社
（四川省成都市二环路北一段 111 号
西南交通大学创新大厦 21 楼）
发行部电话　028-87600564　87600533
邮政编码　610031
网址　http://www.xnjdcbs.com
印刷　四川煤田地质制图印刷厂

成品尺寸　145 mm×208 mm
印张　4.375
字数　109 千
版次　2018 年 9 月第 1 版
印次　2018 年 9 月第 1 次
书号　ISBN 978-7-5643-6450-2
定价　49.00 元

图书如有印装质量问题　本社负责退换

《旺苍县气候资源分析与应用》

编 委 会

主　　编　马振峰　郭海燕

参编人员（排名不分先后）

范　雄	徐金霞	徐沅鑫	钟燕川
赖　江	杨小虎	黄明德	黄亚林
李　平	胡晓润	梁　超	赵金鹏
梁　津	周　斌	秦宁生	王劲廷
邓国卫	张祥锋	刘　霄	李小兰
谢迎春	陈韦君	崔　甲	张春晓
曾　科	袁乙木	康丁元	陈一万

前 言

旺苍县地处四川盆地北缘，米仓山南麓，境内地形复杂，北部群峰雄踞，南部崇山突兀，中部丘坝相间。辖区面积 2 978 平方千米，总人口 45.57 万人，其中农业人口 34.61 万人。旺苍县为盆地边缘典型的农业县，县内南、北、中三类地区经济发展极不平衡，北部山区集中了全县 58% 的贫困乡镇和 82% 的贫困人口。1986 年被列为全国重点扶贫开发县，1994 年被列为国家“八七”扶贫攻坚县，2002 年被列为国家扶贫工作重点县。

旺苍县气候资源复杂多样，立体气候明显，农业产业布局明显呈现小区域、立体分布状态，而且在不同地方、同一品种长势、产量和品质呈现较大差异，制约着农业产业化、集约化、规模化发展。为了帮助旺苍县弄清立体气候资源状况，为优化农业产业布局、发展名特优农产品提供科学的决策依据，在省科技厅的大力支持下，省气象局决定立项开展旺苍县气候资源分析与应用研究。

2016 年 5 月至 2017 年底，省气象局发挥气象科技优势，组织安排省气候中心 10 多名气象专家和驻村帮扶干部，对旺苍县气候资源和农业产业布局进行了深入调查，收集整理、分析了 30 多个乡镇的气象、土壤资料，应用多种方法对收集的资料进行处理、计算，取得了阶段性研究成果。主要体现在以下几个方面：一是全面摸清了旺苍县气候资源现状和潜力，并按照国家相关标准对当地的气候资源开发潜力进行了科学评估；二是基于数值模拟摸清了旺苍境内的风能、太阳能资源分布状况；三是针对旺苍的主要气象灾害开展了强降水诱发的洪水、山洪和地质灾害等气象灾害风险区划；四是从气候、土壤适宜性角度对旺苍县核桃、茶叶、猕猴桃、中药材、畜禽等名特优产业布局调整进行了可行性论证，划分出适宜区、次适宜区和不适宜区；五是采取以点带面的方式，在柳溪乡梨花村、尚武镇石锣村和米仓山镇关口村进行了经济作物种植示范园气候、土壤适应性观测和研究。

科技成果的生命在于应用。我们期待着，这项研究成果能够在旺苍县防灾减灾、农业产业发展中发挥科技支撑作用，能够引导旺苍县开发、利用好具有特色的气候资源，科学调整农业产业布局，优化农业产业结构，造福“三农”，助力乡村振兴，帮助广大农民早日走上全面小康之路。同时也希望各地高度重视气候、土壤资源对农业产业发展布局的决定性作用，加强科学论证，在气象灾害防御、优化农业产业布局上减少盲目性，少走弯路，提高农业产业化效益。

在本科研项目工作实施中，得到了广元市气象局、旺苍县委、县人民政府、县气象局、县农业局、县林业局、县扶贫移民局以及旺苍县各贫困村的大力支持和帮助，在此一并致谢。

2018 年 6 月

目录

1　旺苍县基本情况

旺苍县位于四川省北部，与陕西省相邻。总面积 2 987 km^2，辖 35 个镇（乡）、3 个街道办，总人口约 46 万，其中农业人口 35.6 万。由于地理环境差异，县内南、北、中三类地区经济文化发展极不平衡，尤其是北部高山地区，集中了全县 58% 的贫困乡镇和 82% 的贫困人口。

1.1　地理位置

旺苍县地处四川盆地北缘，米仓山南麓，位于北纬 31°58′45″ ~ 32°42′24″，东经 105°58′24″ ~ 106°46′2″，东邻巴中市南江县、巴州区，南接苍溪县，西连元坝区、利州区、朝天区，北界陕西省宁强县、南郑县。辖区西起白水镇勇敢村，东止大德乡星火村，东西最大距离 75 km；南起九龙乡先锋村，北止米仓山自然保护区北缘，南北最大距离 81 km，行政区域面积 2 987 km^2。

1.2　地形地貌

旺苍全县地形地貌复杂，属中、低山地带，海拔 380 ~ 2 281 m。境内地貌为平坝、阶地、低丘、高丘、低山、中山、山源七个类型，中部地势北高南缓，腹部低平，形成一条东西走向的槽谷地带且横贯全境；北部鼓城山、光头山、汉王山、老君山、欧家坪等群峰雄踞，构成米仓山西段主体；南部崇山突兀，壑谷纵横；腹部丘坝相间，溪河交错。境内东河、黄洋河、白水河（西河）、李家河、柳溪河等河流及支流属嘉陵江水系，其中嘉陵江一级支流东河南北纵贯。清江、后坝河、寨坎河、罗平河、湾滩河、全通河、齐家河及其支流为渠江水系。北部（19 个乡镇）属高寒山区，喀斯特地貌特征明显，经济发展相对滞后；南部（8 个乡镇）属中山区，崇山突兀，壑谷纵横，为深丘地貌，农业基础较好；中部（8 个乡镇、3 个街道办）属河谷走廊，山、丘、坝兼有，溪河交错。旺苍县高程和河流分布见图 1.1。

1.3　行政区划

旺苍县行政区划见图 1.2，全县辖东河、嘉川、白水、尚武、张华、黄洋、普济、三江、木门、五权、金溪、双汇、高阳、英萃、国华、龙凤、九龙、米仓山 18 个镇，农建、化龙、柳溪、枣林、麻英、燕子、大德、大河、水磨、大两、万山、正源、福庆、天星、盐河、万家、檬子 17 个乡，静乐寺、陈家岭、磨岩 3 个街道办公室，社区居委会 40 个，居民小组 141 个；村委会 351 个，村民小组 2 475 个，总人口 46 万。县人民政府驻地东河镇。

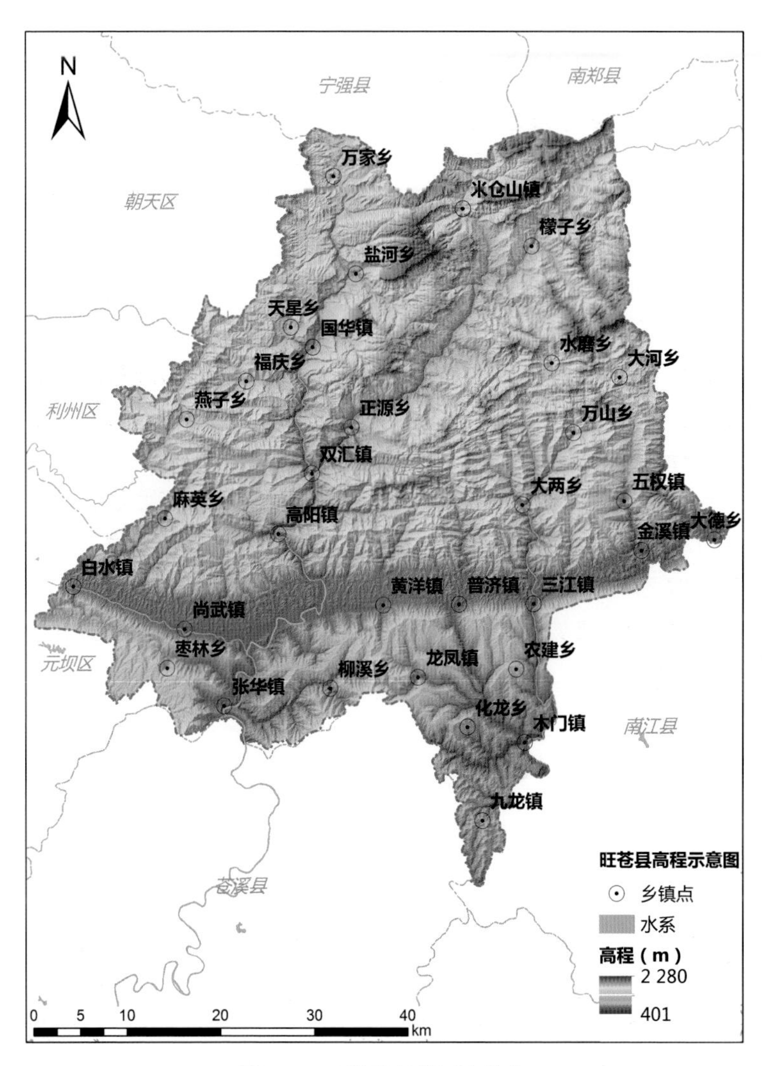

图 1.1　旺苍县高程河流分布

注：书中所有插图均是在审图号：图川审（2016）027 号 2016 年 5 月四川省测绘地理信息局绘制的旺苍县标准地图基础要素版 16 开基础上绘制而成。

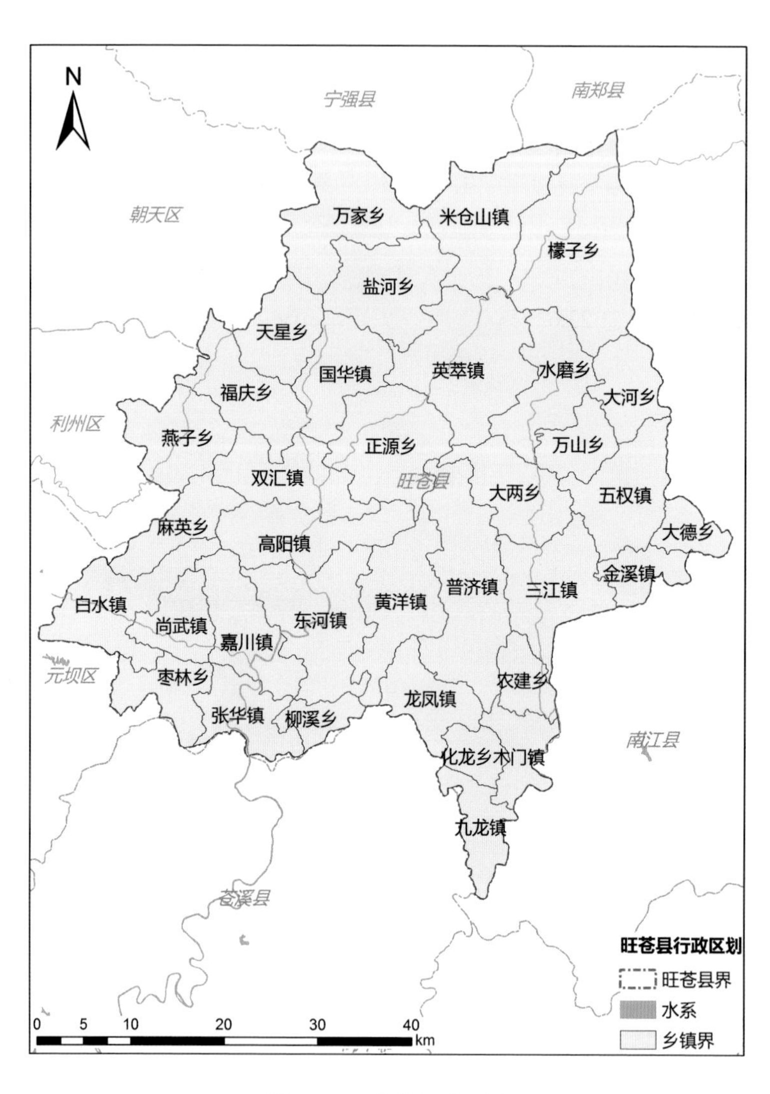
N
宁强县
南郑县
朝天区
利州区
元坝区
苍溪县
南江县
旺苍县
万家乡
米仓山镇
檬子乡
盐河乡
天星乡
国华镇
英萃镇
水磨乡
大河乡
福庆乡
燕子乡
正源乡
万山乡
双汇镇
大两乡
五权镇
麻英乡
大德乡
高阳镇
金溪镇
普济镇
三江镇
白水镇
黄洋镇
东河镇
尚武镇
嘉川镇
枣林乡
农建乡
龙凤镇
张华镇
柳溪乡
化龙乡
木门镇
九龙镇
旺苍县行政区划
旺苍县界
水系
乡镇界
0 5 10 20 30 40 km

图 1.2 旺苍县行政区划

1.4　人口与民族

旺苍县人口主要沿米仓山走廊南侧分布，海拔较低、地势较为平坦的河谷地区人口密集，高山及山原地区地广人稀（见图1.3）。截至2012年末，旺苍县总户数17.33万户，年末户籍人口45.82万人，其中：农业人口34.85万人，非农人口10.97万人；男性人口23.63万人，女性人口22.19万人。年内共出生人

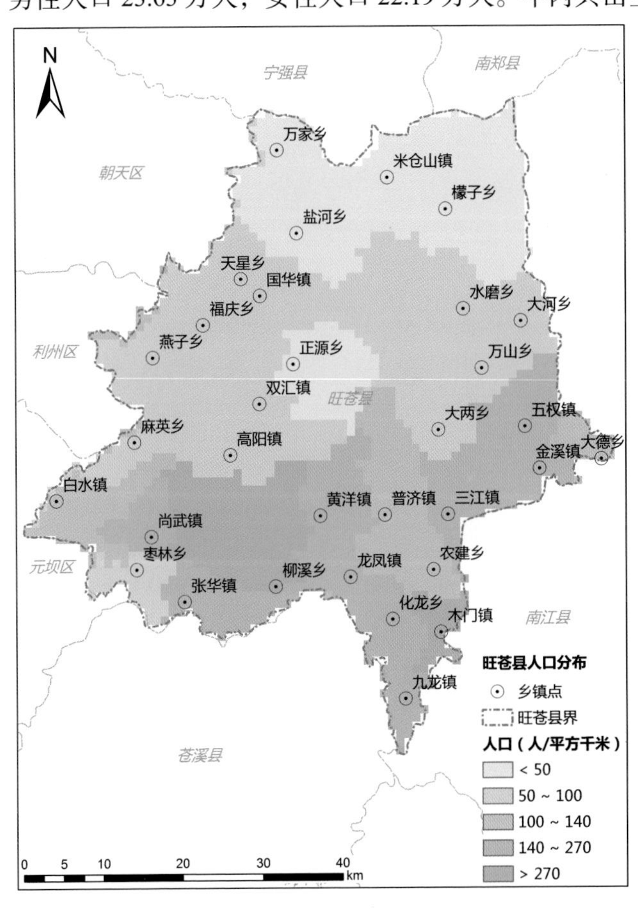

图1.3　旺苍县人口分布

口 3 934 人，死亡人口 2 759 人；人口出生率为 0.855%，死亡率为 0.6%，人口自然增长率为 0.255%。年末常住人口 39.06 万人。旺苍县有汉、羌、彝、藏、回、苗、侗、瑶、傣、满、白、壮、蒙古、土家、布依、纳西、傈僳等民族居住。

1.5 社会经济

旺苍县各乡镇经济总量水平存在较大差异，东河镇作为县政府所在地，经济水平较高。图 1.4 为旺苍县地均地区生产总值

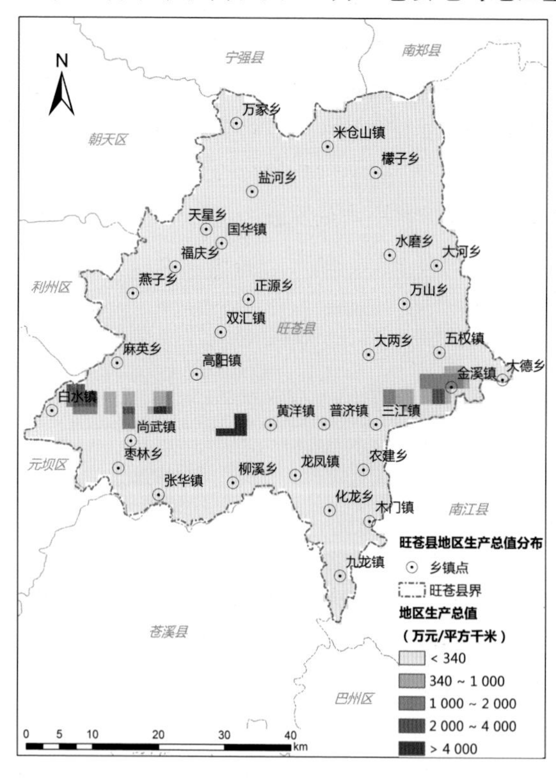

图 1.4 旺苍县地均地区生产总值分布

分布情况，由图可见，生产总值较高的地区分布于米仓山走廊南侧一带，这一区域地势较为平缓，城镇较为集中；北部山区经济水平较为落后。

1.6 气候特征

旺苍气候温和，属亚热带湿润季风气候，垂直气候明显，气温年、日差较小，四季分明。旺苍气象站年平均气温 16.4 °C，最冷月平均气温 5.4 °C，最热月平均气温 26.3 °C，历年极端最高气温 40.9 °C，极端最低气温 − 4.9 °C。雨量充沛，时空分布不均，年平均降雨量 1 157.41 mm，其中 4 ~ 10 月降雨量 1 062.5 mm，占全年降雨量的 91.8%。年平均相对湿度 74%，无霜期长，年平均无霜期 262.5 天。年平均日照时数 1 236.8 h。年平均风速 1 m/s，最多为西南偏西风，年平均蒸发量为 1 136.3 mm。年平均暴雨日数 32.4 天。主要气象灾害为干旱、暴雨、洪涝、冰雹、寒潮、雷电和低温冷害等。

1.7 河流水文

旺苍县位于嘉陵江上游流域与渠江上游流域交界处，境内有大小河、溪计 1 584 条，河网密度 0.15 km/km^2，呈树枝羽网状分布，如图 1.5 所示。年径流总量 16.55 亿立方米，最大洪峰流量 10 300 m^3/s（1981 年 8 月 15 日），嘉陵江三级支流宽滩河、恩阳河及长江三级支流巴河构成旺苍境内主要水系。代表性流量站为旺苍水文站，位于东河镇境内，多年平均洪峰流量 3 470 m^3/s。其径流以降雨补给为主，区域径流呈现季节性变化，径流的空间

分布与年降水和气温具有相关性。流域上游位于大巴山暴雨区，雨量集中，强度大，洪水发生的时间与暴雨相应，大洪水一般发生在 5—10 月，又以 7—9 月最为集中，年最大洪峰流量出现在 7—9 月的次数占总数 79% 左右。

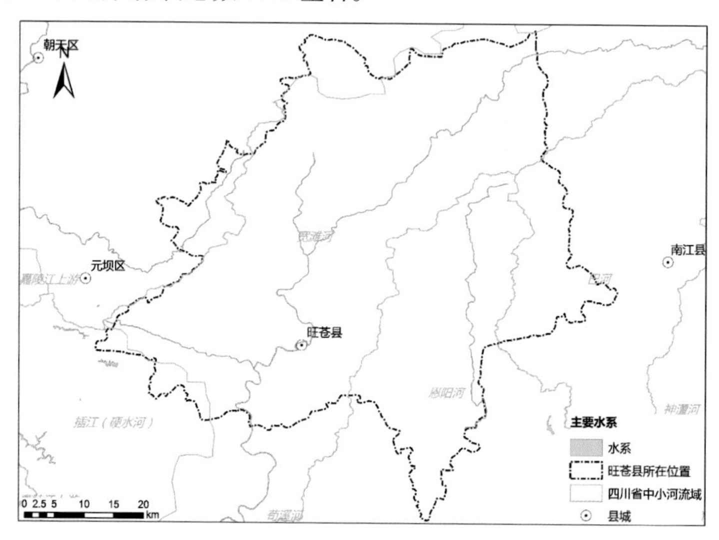

图 1.5　旺苍境内主要水系分布

1.8　土地利用

通过遥感数据解译和分析，旺苍县土地利用类型分为 14 小类（见图 1.6），其中面积最大的土地利用类型为灌木林，其次是有林地与中覆盖度草地，其余土地利用类型相对较少。以米仓山走廊为界，南部植被覆盖度低于北部，随着海拔和水热条件的变化，植被存在明显的水平分布和垂直带谱分布特征。耕地和居民用地主要集中在海拔较低，地势较为平坦的河谷地带。

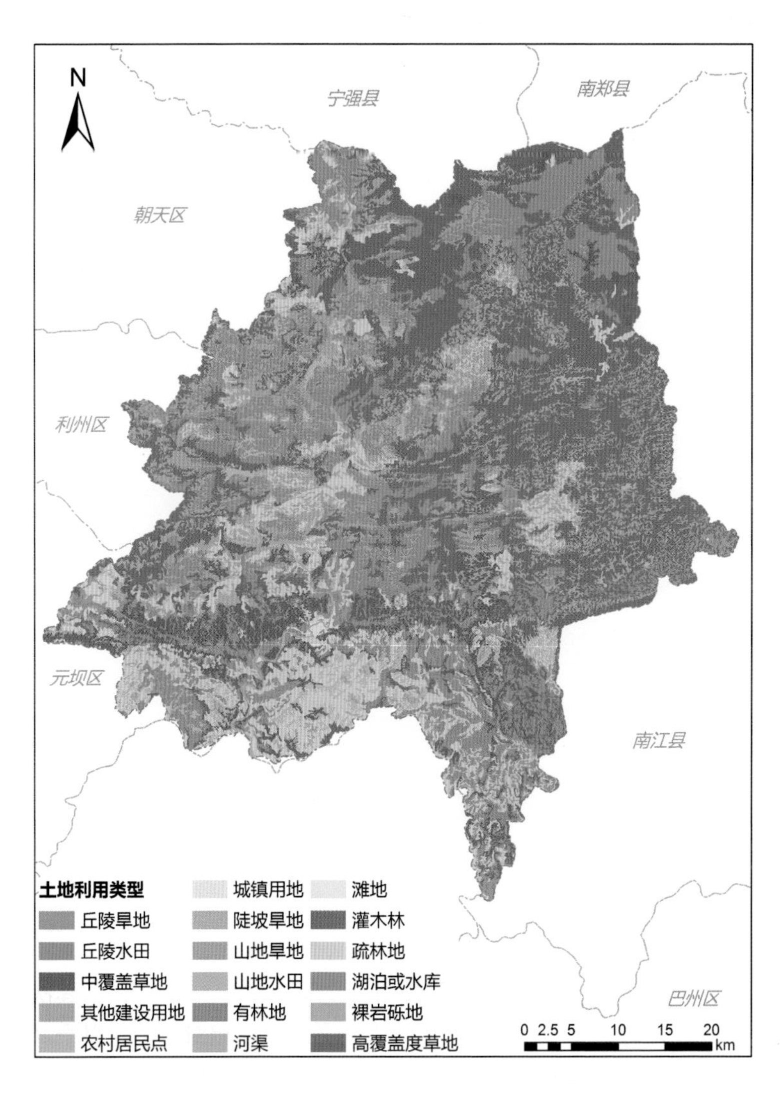

图 1.6　旺苍县土地利用类型分布

1.9 土　壤

旺苍县境内土壤类型多样（见图 1.7），据统计，该区域土壤类型包括 8 类，以雏形土、淋溶土和岩性土为主，成土母质主

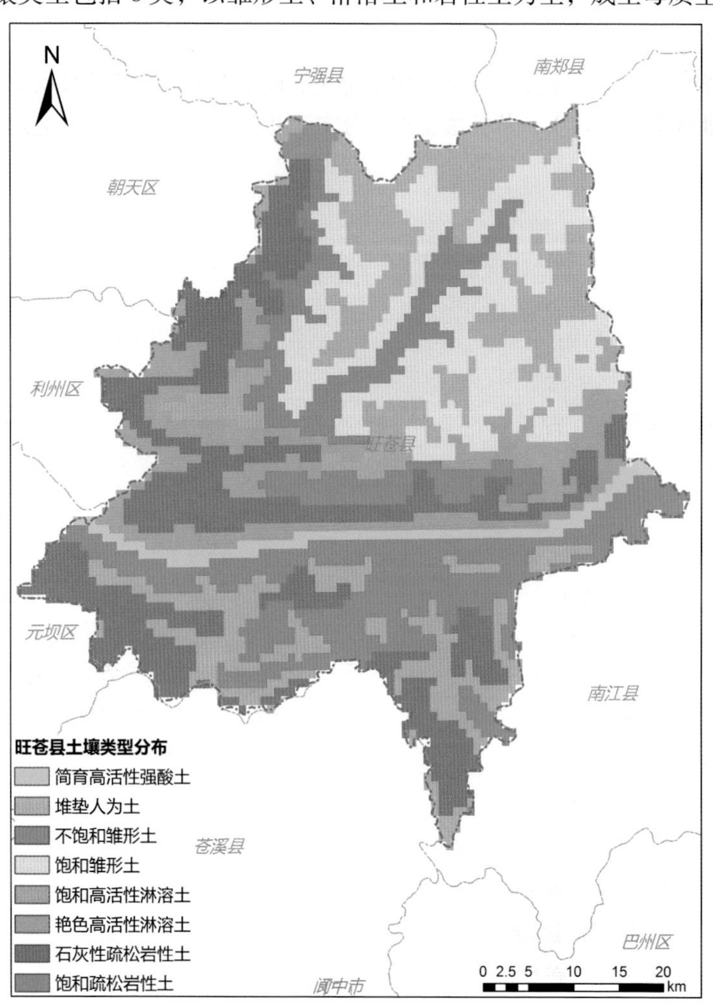

图 1.7　旺苍县境内土壤分布

要为千枚岩、板岩和火山岩等的残坡积风化物。各类型土壤存在明显的空间分布特征，淋溶土主要分布于米仓山走廊北部，米仓山走廊南部多分布石灰性疏松岩性土及不饱和雏形土。县域农业土壤主要有水稻土类（主要分布于东河、普济、三江、木门、嘉川、龙凤、白水等乡镇）、冲积土类（分布于县境沿河两岸）、紫色土类（广泛分布于县境中南部）、黄壤土类（分布于县境中、北部低中山区）、黄棕壤土类（分布于北部中山地区）五个类别。

1.10　资源状况

矿产资源：县境内现有探明矿产 70 余种，主要金属矿有铁、钒、钛、锰、金、铜、镍等，非金属矿有煤、天然气、石墨、石棉、白云母、钾长石、花岗石、大理石等。其中煤炭储量 4.6 亿吨，花岗石 10 亿立方米，大理石 1 亿立方米，石灰石 340 亿吨余，铁矿上亿吨。全县矿产资源储量大，品位高，分布集中，易于规模化开发。

植物资源：全县森林面积 20.96 万公顷，森林覆盖率 57.4%，野生植物 4 940 种，其中维管束植物 2 597 种，濒危植物 120 种；经济林木 17 种，药材 1 500 种（可收购 318 种），其中杜仲、黄檗、厚朴质优量大。旺苍县是全国名特优经济林——杜仲之乡、全国绿色食品原料（茶叶）标准化生产基地、中国名茶之乡，杜仲、米仓山茶被列为“国家地理标志保护产品”。全县有面积多达 320 km^2 的原始生态植被；有 7 000 余公顷的原始水青冈林，是世界水青冈属植物的起源和现代分布中心。

旺苍县植被覆盖度空间差异较为明显，米仓山走廊以北大部分地区植被覆盖度相对较高，米仓山走廊南侧旺苍县城所在地东河镇一带植被覆盖度为全县低值区。从旺苍县植被覆盖变化来看，

2000—2005 年平均植被覆盖度从 0.79 上升至 0.85，2005—2010 年上升至 0.86，2010—2015 年上升至 0.87，总体增加了 10.1%（见图 1.8）。2000—2015 年随着旺苍县经济发展与人口增长，植被覆盖度低值区面积一度扩大，而随着天然林保护，退耕还林还草和污染治理等一系列措施的落实，植被覆盖度有明显恢复，生态环境的改善取得了显著成果。

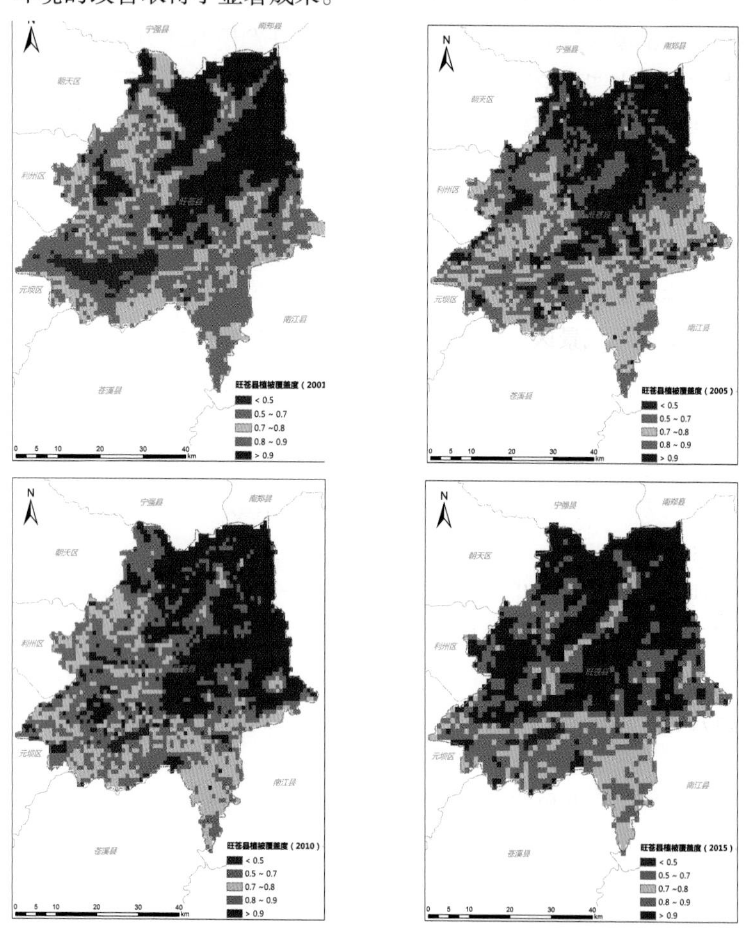

图 1.8　旺苍县植被覆盖度变化（2000—2015 年）

动物资源：境内有动物307种，具有较大开发价值的有50种（野生兽类46种）。熊、金猫、豹、云豹、林麝、猕猴、大灵猫、斑羚、大鲵、红腹角雉、白尾长冠雉、红腹锦鸡等14种国家二、三类保护动物，光雾臭蛙是独有品种，汉王山娃娃鱼（大鲵）被列为"国家地理标志保护产品"。

水能资源：境内河流众多，天然落差大，水资源丰富。全县水能理论蕴藏量为45.57万千瓦·时，可开发量10.1万千瓦·时。其中东河水能理论蕴藏量为42万千瓦·时，占全县总理论蕴藏量的92%，开发价值较大。

旅游资源：全县旅游资源丰富，主要分为自然生态旅游资源、地质科考旅游资源、红色文化旅游资源和民俗文化旅游资源四大类。自然景观有鼓城山—七里峡国家AAAA级旅游景区、米仓山大峡谷景区、盐井河—龙潭子原生态风景区、汉王山—鹿亭溪温泉自然风景区、面积2万多平方米的嘉川恐龙化石群。全县自然景观可分为地貌景观、地质景观、气象生物景观等3大类，包括山景、水景、洞景、植物景、动物景、气象景等9种景观。拥有全国最大、最奇特、最丰富的溶洞群，尤以米仓山自然保护区、黄洋、五权溶洞为代表。人文景观有以三国遗址为龙头的古代人文景观，代表景观有七里峡、盐井峡古栈道，堪称中华民族艺苑奇观的铁佛寺等。以红军遗址为代表的红军人文景观主要有木门军事会议会址、中国红军城、红军石刻等省级重点保护革命文物。科考探险主要有嘉川恐龙化石群、正源—鼓城米仓山地质科考、壶穴、古生物化石、观赏石等数十处。探险旅游资源以洞穴探险景点为主，主要有白龙洞、董家洞、御龙洞等13处。民俗文化旅游资源以川北民居、民俗、民歌文化旅游资源为代表。

2　资料及方法

2.1　资料情况

本书气候数据使用旺苍县境内常规气象站和区域气象站共有50个观测站观测数据。社会经济数据主要来源于旺苍的统计年鉴、地方县志、政府工作报告和政府信息网站。灾情、灾损和防灾减灾数据主要来源于地灾调查报告和国土局提供的相关统计资料。流域生态数据通过地面调查获取。土地利用、小流域划分及属性、气象水文数据、历史生态参数来源于其他课题成果。

旺苍县境内共有50个气象观测站（包括旺苍县气象站），观测站分布情况见图2.1，基本情况见表2.1。其中东坡（45° ~ 135°）台站13个，南坡（135° ~ 225°）台站16个，西坡（225° ~ 315°）台站13个，北坡（315° ~ 45°）台站7个，平地台站1个。海拔高度在600 m以下的台站16个，600 ~ 800 m的台站18个，

800 ～ 1 000 m 的台站 8 个，1 000 m 以上的台站 8 个。白水镇河边村站（站号 S0043）海拔 469.6 m，为所有台站中最低；米仓山镇鼓城山站（站号 S2764），海拔 1 681 m，为所有台站中最高。台站观测要素从 1 个到 6 个不等，观测时间从 2007 年到 2014 年不等，观测严格按照气象台站观测规范进行，资料真实可信。

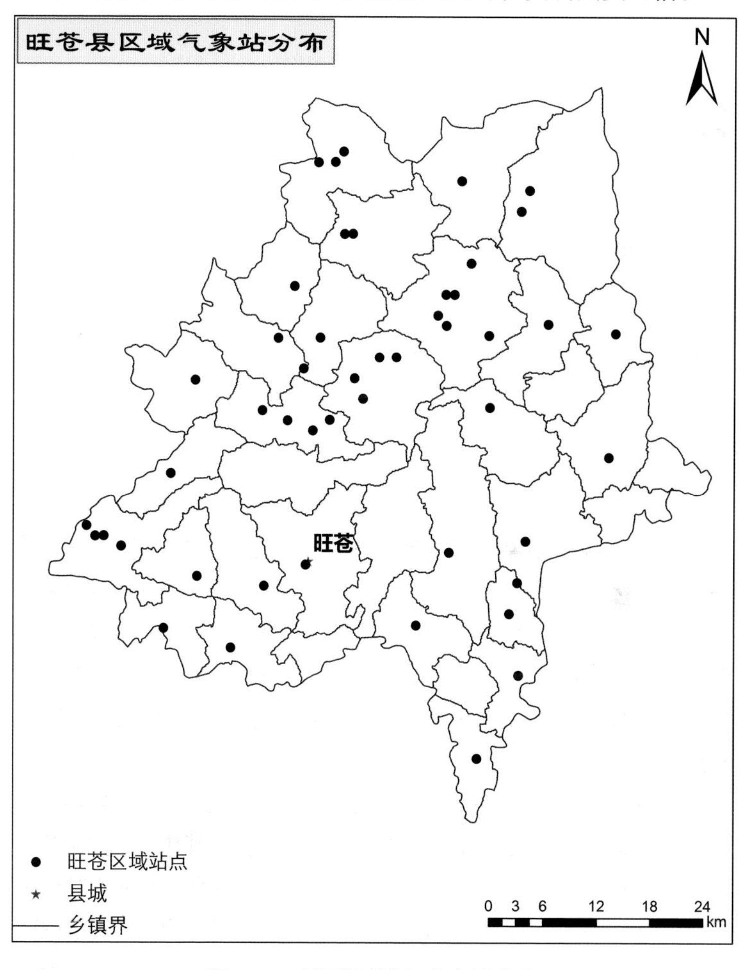

图 2.1　旺苍县区域气象台站分布

表 2.1 旺苍县区域气象台站情况

测站名	海拔 /m	旺苍坡度	旺苍坡向
旺苍	485.7	5.13	291.8
白水镇河边村	469.6	29.51	300.53
白水镇团结村	523.9	18.09	275.86
白水镇同心村	497.5	11.1	183.65
檬子乡钟岭村	711.6	22.65	121.94
英萃镇关咀村	606.1	14.59	140.19
英萃镇雄鹰村	907.6	18.93	220.07
英萃镇新建村	602.2	32.2	87.35
英萃镇新房村	916.9	22.85	87.17
英萃镇中山村	612.7	22.11	115.51
正源乡竹园村	652.6	11.54	181.17
正源乡学堂村	549.5	19.89	352.06
正源乡辕门村	530.2	12.2	117.55
正源乡卫星村	865.1	18.57	336.61
双汇镇东山村	689.1	18.57	299.74
双汇镇汶水村	947.6	9.14	201.25
双汇镇金龙村	524.5	14.37	158.03
双汇镇大坪村	783.9	19.23	172.45
盐河乡盐河村	680.7	3.2	243.43
万家乡群建村	1 033.1	6.49	246.25
万家乡西陵村	1 047.2	5.79	170.54
福庆乡红花村	722.5	26.13	20.9
福庆乡龙纲村	560	20.67	120.53
农建乡青坪村	905	15.61	197.35
农建乡联盟村	793	13.81	179.03

续表

测站名	海拔 /m	旺苍坡度	旺苍坡向
国华	750	7.45	52.77
英翠	780	43.98	122.66
木门	480	17.99	146.51
三江	543	3.52	61.7
白水	989	9.83	279.69
檬子	736	29.79	155.49
五权	699	12.06	159.44
龙凤	730	9.51	84.29
张华	476	12.51	214.29
鼓城	1 128	42.54	272.6
天星	1 439	9.43	287.53
万家	1 054	5.48	92.49
嘉川	547	1.39	329.04
燕子	549	11.49	151.86
九龙	808	21.39	1.22
白水镇卢家坝社区	503	11.4	277.13
水磨乡	1 184	12.71	258.27
大两乡	967	18.89	227.96
麻英乡	788	19.6	118.66
普济镇	486	2.72	127.87
大河乡	1 049	19.69	294.78
盐河乡	682	0	－1
尚武镇	475	5.43	195.26
米仓山镇鼓城山	1 681	0	0
柳溪乡梨花村	750	0	0

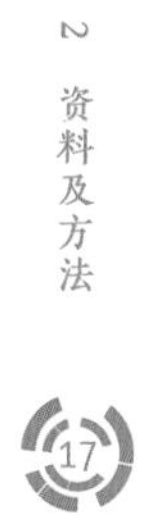

2.2 资料处理

为使分析更加客观真实，需对短期观测资料进行订正、延长，使各观测站资料在时间上同步。山区气象观测资料一般采用差值订正法、比值订正法、一元回归订正法、条件回归订正法、多因子相关图解法、分离综合法等方法进行订正。根据选用资料少、订正误差小、计算过程简便而精度又能满足要求等原则，采用一元回归订正法对旺苍气象观测资料站的气温、降水量进行订正。设 X 为基本站，具有 N 年资料；Y 站为订正站，有 n 年资料；$n<N$，并且 n 年包括在 N 年内，需要将订正站 n 年资料订正到 N 年。

订正的基本公式为

$$Y_N=Y_n+(RQ_Y/Q_X)(X_N-X_n) \tag{2.1}$$

式中 X_n，Y_n 分别为基本站和订正站 n 年平行观测时期内的平均值；X_N，Y_N 分别为基本站和订正站 N 年观测资料的平均值；Q_X，Q_Y 分别为基本站和订正站 N 年平行观测时期内年的标准差；R 为基本站和订正站在 n 年内观测资料的相关系数。

设旺苍气象站（站号 57217）为基本站，其余 49 个区域站为订正站，分别将 49 个区域站资料订正到和旺苍气象站观测资料相同的时间序列长度。

3 山区气候特点

3.1 年平均气温

旺苍山区年平均气温受地形和海拔高度影响，呈南高北低的分布特征，高值区分布在米仓山走廊和南山的河谷地区。最高 17.9 ℃ 出现在木门镇，最低 5 ℃ 出现在盐河乡；其中，大于 16 ℃ 的区域主要分布在米仓山走廊和南山地区的东河、熊家河、白水河等河谷地区，大于 17 ℃ 区域零星分布在化龙乡、九龙镇、木门镇、金溪镇的河谷地带；大于 14 ℃ 区域包括米仓山走廊、南山地区的大部分区域以及北山地区的西河、宽滩河河谷。北山地区除个别高山气温小于 8 ℃ 外，其余大部分区域气温在 8 ~ 14 ℃（见图 3.1）。

旺苍各月平均气温与年平均气温分布基本一致，呈南高北低的分布特征。各月气温，1 月 − 8 ~ 7.8 ℃，2 月 − 4 ~ 10 ℃，

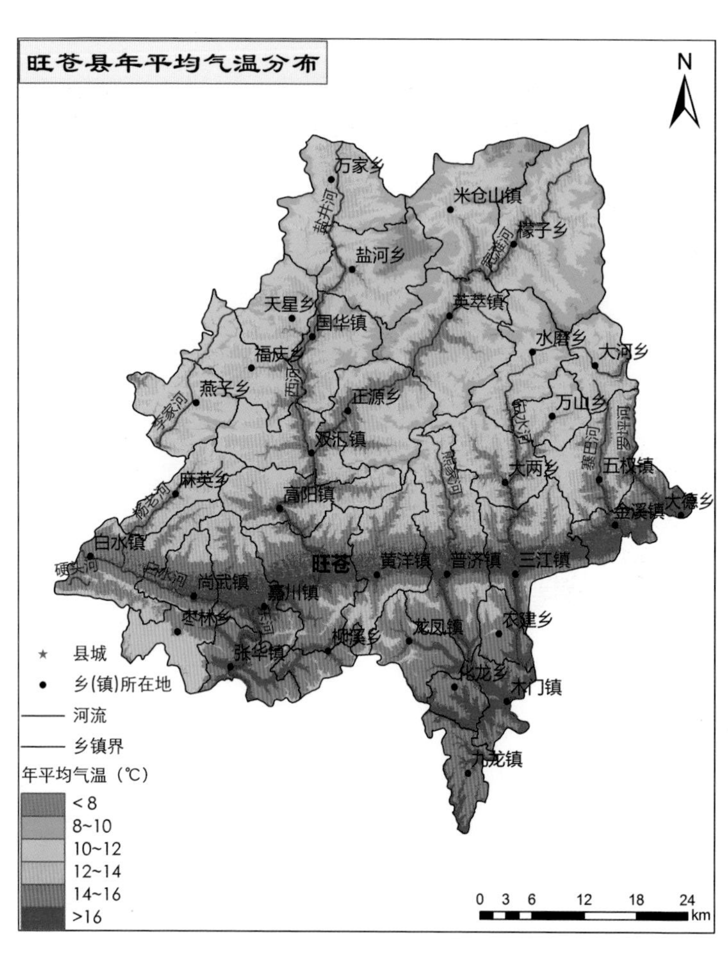

图 3.1　旺苍山区平均气温分布

3 月 1 ~ 14 °C，4 月 6 ~ 18.7 °C，5 月 10.2 ~ 24.4 °C，6 月 13.2 ~ 25.1 °C，7 月 15.3 ~ 27 °C，8 月 15.1 ~ 26.9 °C，9 月 10.2 ~ 22.4 °C，10 月 5.7 ~ 18.5 °C，11 月 0 ~ 13.4 °C，12 月 − 5 ~ 9.2 °C。其中旺苍县最热月温度为七月，其分布特点与年平均温度相似，米仓山走廊和南山大部分区域大于 24 °C，部分

河谷地区大于 26 ℃；北山大部分地区 18 ～ 24 ℃，部分河谷地区 24 ～ 26 ℃，个别高山地区不到 18 ℃，最高 27 ℃，出现在木门镇；旺苍县最冷月为一月，其分布特点与最热月温度相似，米仓山走廊和南山大部分区域大于 4 ℃，部分河谷地区大于 6 ℃；北山大部分地区 0 ～ 4 ℃，部分河谷地区 2 ～ 4 ℃，个别高山地区在 0 ℃以下，最低－ 8 ℃，出现在盐河乡，如图 3.2 所示。

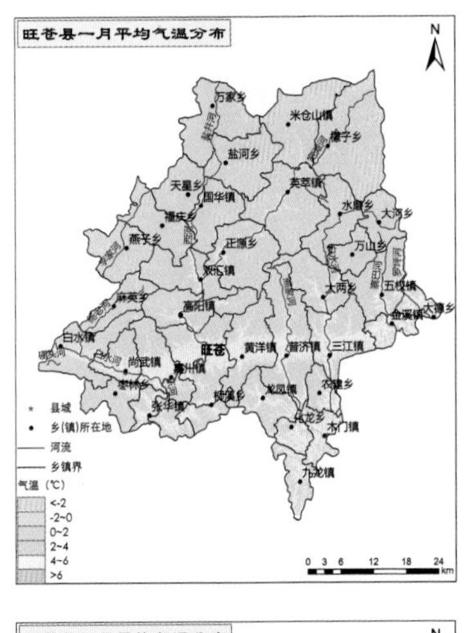

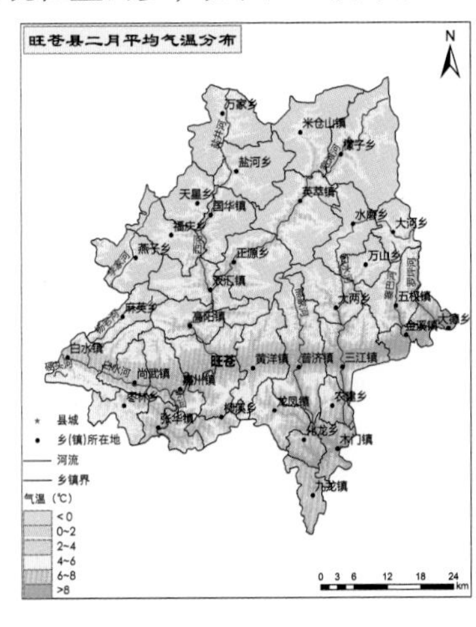

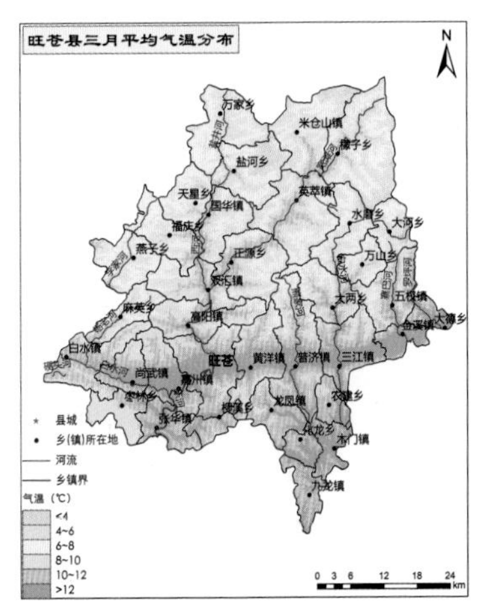

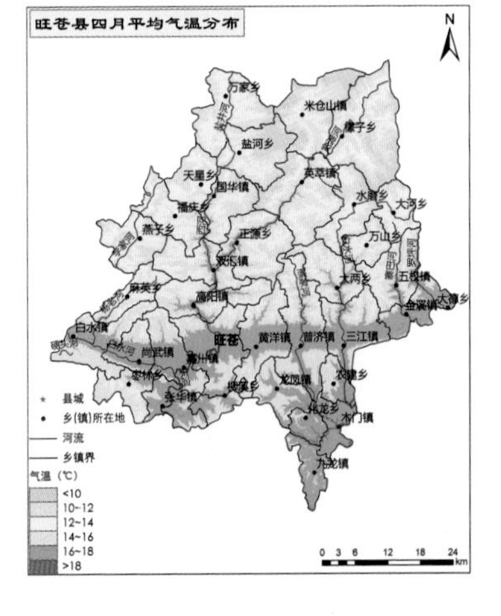

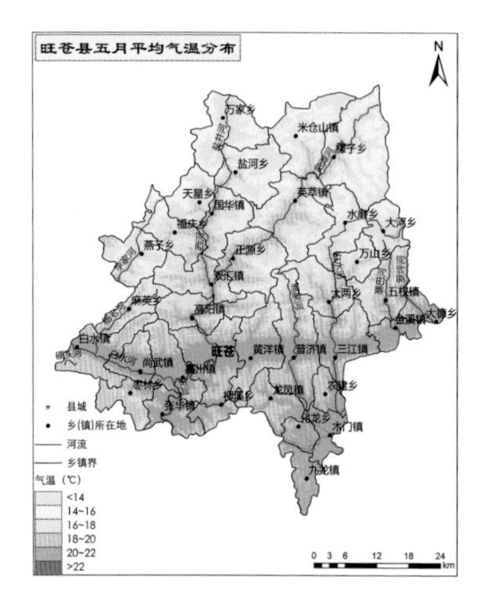
旺苍县五月平均气温分布
N
万家乡
米仓山镇
盐河乡
英萃镇
天星乡
国华镇
水磨乡
大河乡
燕子乡
万山乡
大两乡
五权镇
麻英乡
金溪镇
白水镇
旺苍
黄洋镇
普济镇
三江镇
尚武镇
龙凤镇
木门镇
九龙镇
县城
乡(镇)所在地
河流
乡镇界
气温（℃）
<14
14~16
16~18
18~20
20~22
>22
0 3 6 12 18 24
km

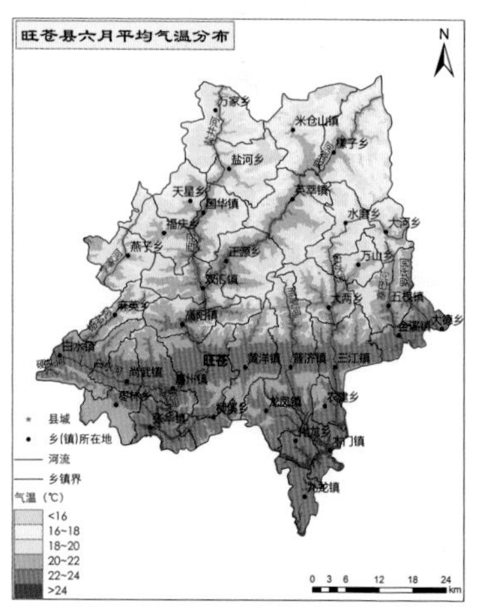
旺苍县六月平均气温分布
N
万家乡
米仓山镇
盐河乡
英萃镇
天星乡
国华镇
水磨乡
大河乡
燕子乡
万山乡
大两乡
五权镇
麻英乡
金溪镇
白水镇
旺苍
黄洋镇
普济镇
三江镇
尚武镇
龙凤镇
木门镇
九龙镇
县城
乡(镇)所在地
河流
乡镇界
气温（℃）
<16
16~18
18~20
20~22
22~24
>24
0 3 6 12 18 24
km

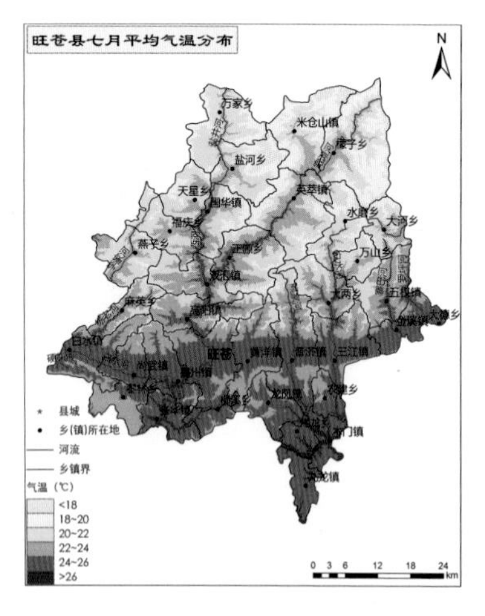
旺苍县七月平均气温分布
N
万家乡
米仓山镇
盐河乡
英萃镇
天星乡
国华镇
水磨乡
大河乡
燕子乡
万山乡
大两乡
五权镇
麻英乡
金溪镇
白水镇
旺苍
黄洋镇
普济镇
三江镇
尚武镇
龙凤镇
木门镇
九龙镇
县城
乡(镇)所在地
河流
乡镇界
气温（℃）
<18
18~20
20~22
22~24
24~26
>26
0 3 6 12 18 24
km

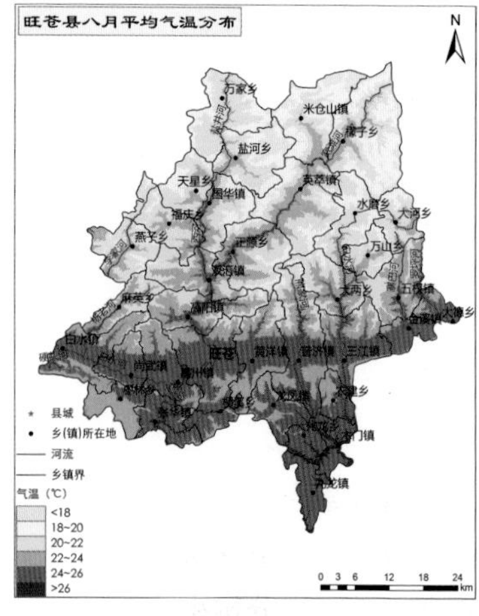
旺苍县八月平均气温分布
N
万家乡
米仓山镇
盐河乡
英萃镇
天星乡
国华镇
水磨乡
大河乡
燕子乡
万山乡
大两乡
五权镇
麻英乡
金溪镇
白水镇
旺苍
黄洋镇
普济镇
三江镇
尚武镇
木门镇
九龙镇
县城
乡(镇)所在地
河流
乡镇界
气温（℃）
<18
18~20
20~22
22~24
24~26
>26
0 3 6 12 18 24
km

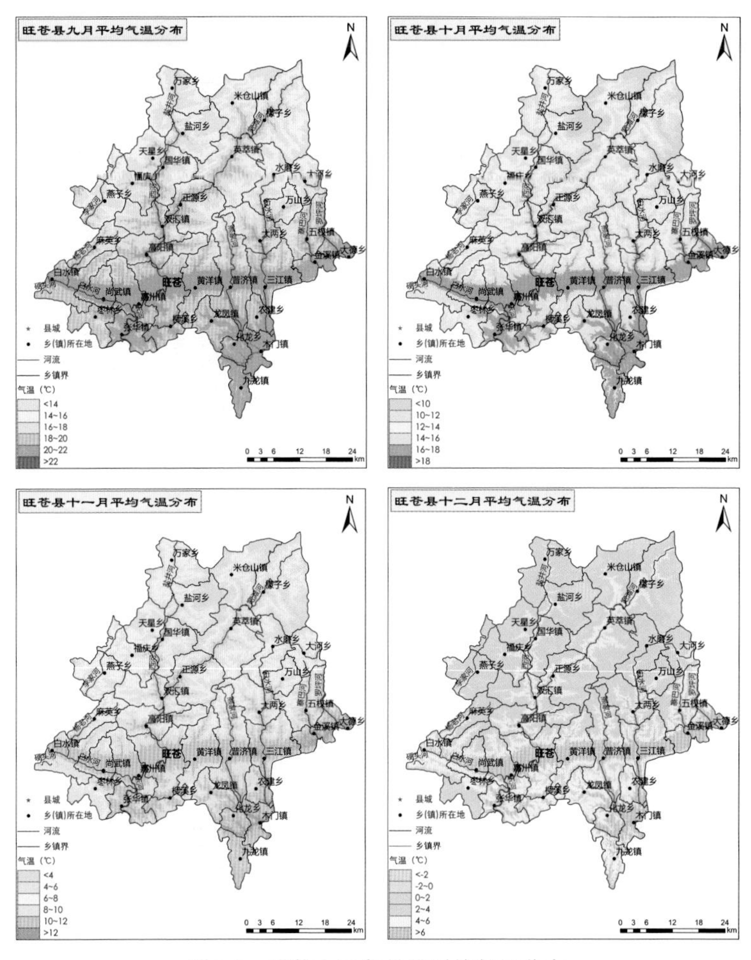

图 3.2　旺苍山区各月月平均气温分布

选取经度、纬度、海拔高度、坡度、坡向为因子，采用多元回归方法，建立多元线性回归模型，再利用地理信息资料和 GIS 软件，推算出分辨率为 25 m×25 m 的网格点温度。

表 3.1 是年和各月平均气温拟合公式，公式中 X_1 为经度，X_2 为纬度，X_3 为海拔高度，X_4 为坡度，X_5 为坡向，各拟合公式的

相关系数均在 0.98 以上，且通过 F 检验。由拟合公式看出，经度与气温呈正相关，说明经度越大，气温越高，即东部气温大于西北气温。纬度与气温呈负相关，说明纬度越高，气温越低，即北部气温小于南部气温。海拔高度和气温呈明显负相关，年平均气温递减率 0.6，1 月 0.69 为全年最大，7 月 0.52 为全年最小，说明冬季的递减速率较夏季高。各月坡向与气温多数月份呈负相关，冬季坡向影响最大，而夏季与其他季节相反，呈正相关。

表 3.1　旺苍县各月气温拟合公式

年平均气温	$Y=-37.236\,195+1.020\,703X_1-1.616\,279X_2-0.005\,967X_3+0.020\,577X_4-0.002\,252X_5$
1 月	$Y=-227.931\,152+2.111\,531X_1+0.378\,313X_2-0.006\,871X_3+0.033\,013X_4-0.005\,808X_5$
2 月	$Y=-182.591\,766+1.841\,742X_1-0.057\,118X_2-0.006\,712X_3+0.030\,405X_4-0.005\,223X_5$
3 月	$Y=-106.127\,090+1.415\,856X_1-0.893\,043X_2-0.006\,303X_3+0.023\,133X_4-0.003\,439X_5$
4 月	$Y=-25.995\,312+0.950\,101X_1-1.703\,959X_2-0.005\,947X_3+0.019\,631X_4-0.002\,192X_5$
5 月	$Y=47.333\,900+0.524\,545X_1-2.463\,433X_2-0.005\,563X_3+0.014\,421X_4-0.000\,665X_5$
6 月	$Y=99.496\,185+0.217\,992X_1-2.989\,386X_2-0.005\,346X_3+0.011\,658X_4+0.000\,017X_5$
7 月	$Y=126.377\,625+0.072\,483X_1-3.285\,302X_2-0.005\,198X_3+0.010\,339X_4+0.000\,532X_5$
8 月	$Y=127.552\,734+0.057\,205X_1-3.277\,588X_2-0.005\,198X_3+0.010\,404X_4+0.000\,530X_5$
9 月	$Y=42.542\,091+0.582\,960X_1-2.506\,105X_2-0.005\,579X_3+0.013\,502X_4-0.000\,662X_5$
10 月	$Y=-25.363\,716+0.932\,917X_1-1.674\,206X_2-0.005\,924X_3+0.019\,896X_4-0.002\,269X_5$
11 月	$Y=-119.512\,894+1.508\,633X_1-0.811\,944X_2-0.006\,326X_3+0.025\,822X_4-0.003\,890X_5$
12 月	$Y=-202.947\,037+1.967\,677X_1+0.120\,819X_2-0.006\,757X_3+0.031\,491X_4-0.005\,361X_5$

3.2 年平均最低温度

旺苍年平均最低气温大于 12 °C 区域在米仓山走廊和南山河谷地区，北山地区大多在 4 ~ 8 °C，部分高山小于 4 °C，最低 1.2 °C 出现在盐河乡，分布特征与年平均分布特征一致，均呈南高北低的分布形势，如图 3.3 所示。

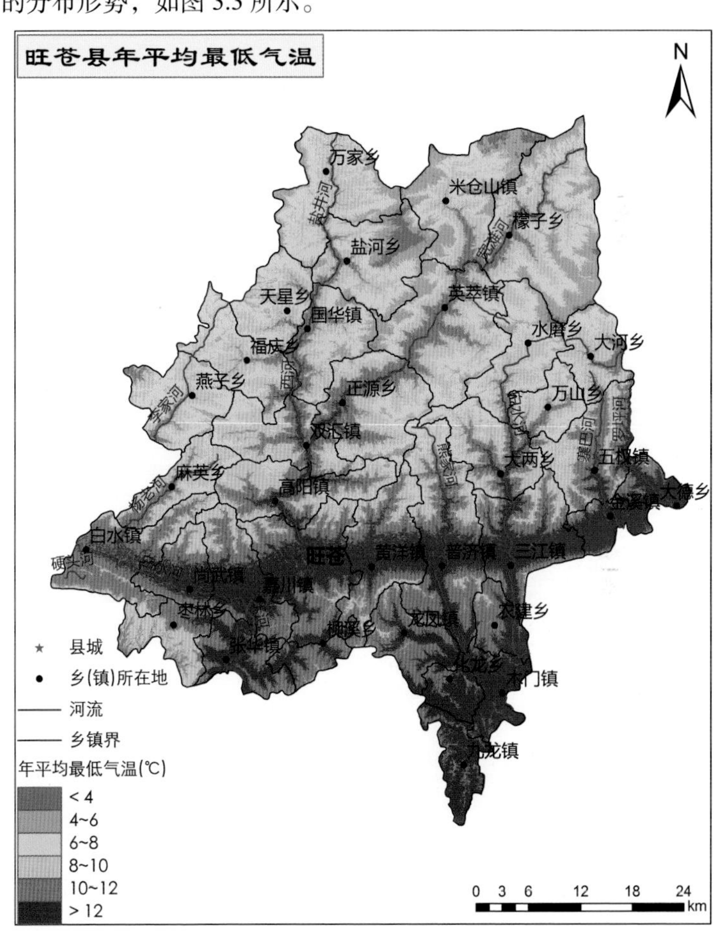

图 3.3　旺苍县年平均最低气温

由拟合公式表 3.2 看出，海拔高度和气温呈明显负相关，随着高度的增高而递减，递减的速率冬季最高，夏季最低，秋春季次之。各月坡向与气温基本呈明显负相关，冬季影响较夏季大。各月坡度则与气温均呈明显正相关；气温与经度呈正相关，位置越偏东，坡度越大，气温越高，7 月为负相关；而与纬度呈负相关，越偏北，气温越低。

表 3.2　旺苍县年平均最低气温拟合公式

年平均最低气温	$Y=-60.261951+1.566411X_1-2.818393X_2-0.005789X_3+0.031316X_4-0.003582X_5$
1 月	$Y=-290.776978+3.394550X_1-1.998428X_2-0.006727X_3+0.044988X_4-0.007257X_5$
2 月	$Y=-228.475266+2.900841X_1-2.221138X_2-0.006473X_3+0.041279X_4-0.006262X_5$
3 月	$Y=-152.653931+2.298594X_1-2.488476X_2-0.006166X_3+0.036837X_4-0.005060X_5$
4 月	$Y=-59.031586+1.557190X_1-2.825075X_2-0.005784X_3+0.031281X_4-0.003565X_5$
5 月	$Y=25.604050+0.886668X_1-3.127478X_2-0.005438X_3+0.026189X_4-0.002207X_5$
6 月	$Y=95.220749+0.334981X_1-3.376588X_2-0.005155X_3+0.022066X_4-0.001097X_5$
7 月	$Y=143.978577-0.053446X_1-3.546045X_2-0.004959X_3+0.019310X_4-0.000337X_5$
8 月	$Y=136.262115+0.006023X_1-3.513626X_2-0.004993X_3+0.019827X_4-0.000470X_5$
9 月	$Y=55.369476+0.649554X_1-3.231563X_2-0.005319X_3+0.024552X_4-0.001748X_5$
10 月	$Y=-35.318001+1.369195X_1-2.909309X_2-0.005687X_3+0.029849X_4-0.003184X_5$
11 月	$Y=-151.266388+2.288579X_1-2.496309X_2-0.006159X_3+0.036725X_4-0.005033X_5$
12 月	$Y=-258.101471+3.135362X_1-2.114646X_2-0.006594X_3+0.043061X_4-0.006737X_5$

3.3 年平均最高温度

旺苍年平均最高气温分布特征与年平均分布特征一致，均呈南高北低的分布形势。平均最高气温大于 20 ℃ 的区域主要分布在米仓山走廊以南腹部低平地区，部分地方大于 22 ℃，北山地区除河谷地区大于 18 ℃ 外，其余多在 14 ～ 18 ℃，最高 23.2 ℃ 出现在木门镇，如图 3.4 所示。

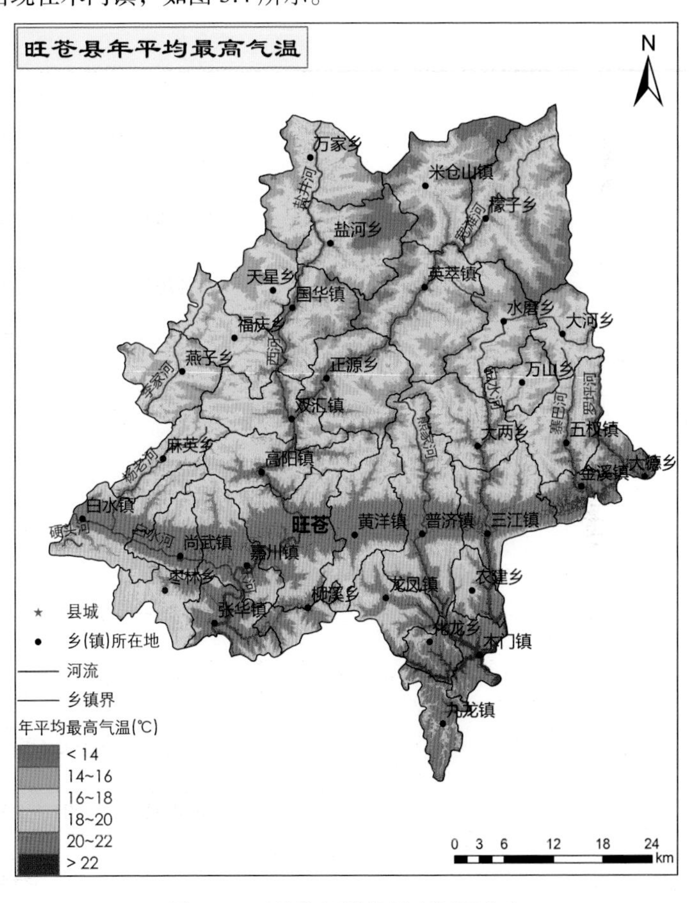

图 3.4 旺苍县年平均最高气温分布

由拟合公式表 3.3 看出，海拔高度和气温呈明显负相关，随着高度的增高而递减，递减的速率冬季最高，夏季最低，秋春季次之。各月坡向与气温基本呈明显负相关，冬季影响较夏季大。各月坡度则与气温均呈明显正相关；气温与经度呈正相关，位置越偏东，坡度越大，气温越高，夏季为负相关；与纬度 4—9 月呈负相关，冬半年呈正相关，越偏北，气温越低。

表 3.3　旺苍县年平均最高气温拟合公式

年平均最高气温	$Y=-40.331\,921+0.584\,949X_1+0.092\,368X_2-0.006\,901X_3+0.028\,535X_4-0.001\,357X_5$
1 月	$Y=-179.687\,378+1.489\,847X_1+1.080\,512X_2-0.007\,095X_3+0.035\,879X_4-0.002\,665X_5$
2 月	$Y=-148.455\,353+1.284\,128X_1+0.866\,600X_2-0.007\,052X_3+0.034\,314X_4-0.002\,379X_5$
3 月	$Y=-77.853\,790+0.832\,014X_1+0.349\,613X_2-0.006\,953X_3+0.030\,417X_4-0.001\,701X_5$
4 月	$Y=-14.198\,244+0.412\,299X_1-0.086\,554X_2-0.006\,863X_3+0.027\,285X_4-0.001\,120X_5$
5 月	$Y=27.594\,650+0.148\,164X_1-0.403\,157X_2-0.006\,803X_3+0.024\,937X_4-0.000\,711X_5$
6 月	$Y=52.206\,779-0.006\,739X_1-0.587\,146X_2-0.006\,773X_3+0.023\,386X_4-0.000\,466X_5$
7 月	$Y=74.769\,173-0.161\,880X_1-0.726\,178X_2-0.006\,740X_3+0.022\,486X_4-0.000\,276X_5$
8 月	$Y=79.386\,475-0.192\,431X_1-0.759\,089X_2-0.006\,731X_3+0.022\,319X_4-0.000\,235X_5$
9 月	$Y=8.670\,813+0.274\,092X_1-0.276\,354X_2-0.006\,829X_3+0.025\,832X_4-0.000\,881X_5$
10 月	$Y=-38.438\,164+0.574\,742X_1+0.072\,675X_2-0.006\,897X_3+0.028\,408X_4-0.001\,335X_5$
11 月	$Y=-106.803\,230+1.016\,908X_1+0.562\,651X_2-0.006\,993X_3+0.032\,036X_4-0.001\,981X_5$
12 月	$Y=-162.429\,855+1.375\,075X_1+0.964\,966X_2-0.007\,071X_3+0.035\,052X_4-0.002\,510X_5$

3.4 降　水

旺苍县年平均降水量分布总体呈南多北少的趋势，其中九龙镇年降水量最大，达 1 500 mm；而万家乡年降水量最小，低于 900 mm。年降水量大于 1 300 mm 的地区基本分布在米仓山走廊以南。米仓山走廊以北地区年降水多在 500 ～ 1 200 mm 之间，如图 3.5 所示。年内各月降水分配极不均匀，降水空间分布情况差异较大，其中 7 月降水量多年平均值最大，月降水量超过 260 mm；12 月降水量全年最小，如图 3.6 所示。

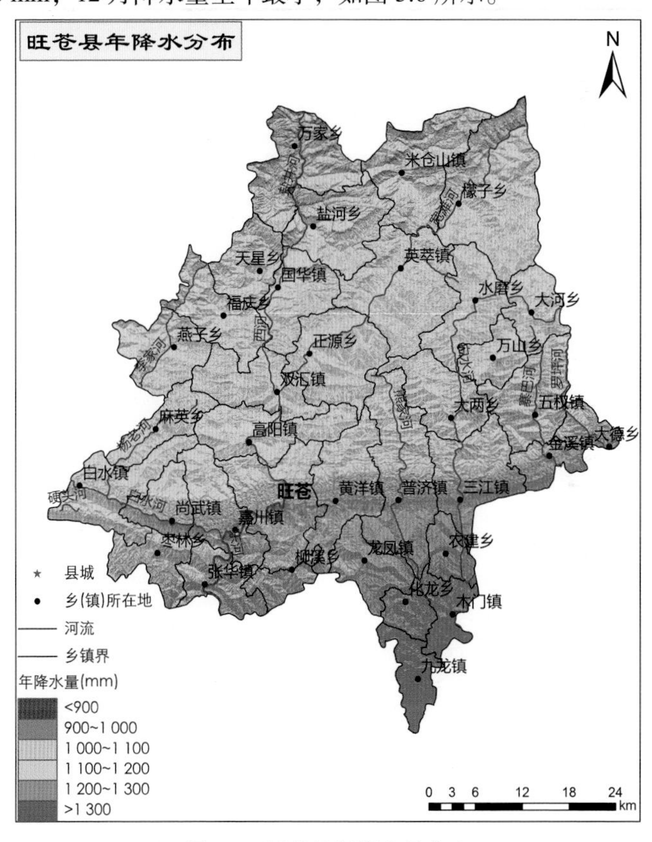

图 3.5　旺苍县年降水量分布

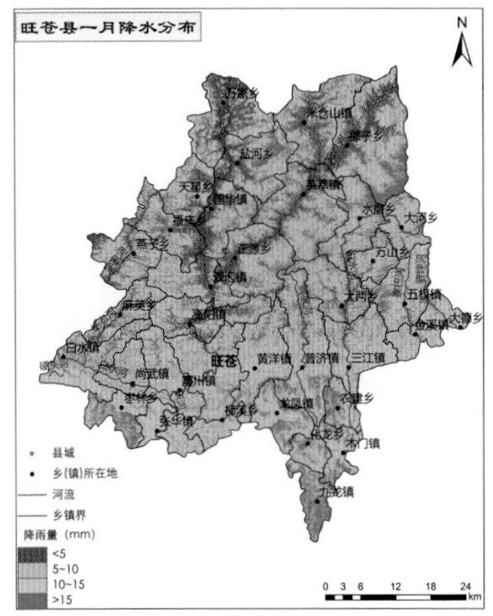
旺苍县一月降水分布
N
万家乡
米仓山镇
盐河乡
天星乡
国华镇
英萃镇
水磨乡
大河乡
福庆乡
燕子乡
万山乡
大两乡
五权镇
麻英乡
金溪镇
大德乡
白水镇
旺苍
黄洋镇
普济镇
三江镇
尚武镇
嘉川镇
枣林乡
张华镇
木门镇
★ 县城
• 乡(镇)所在地
—— 河流
—— 乡镇界
降雨量（mm）
<5
5~10
10~15
>15
0 3 6 12 18 24
km

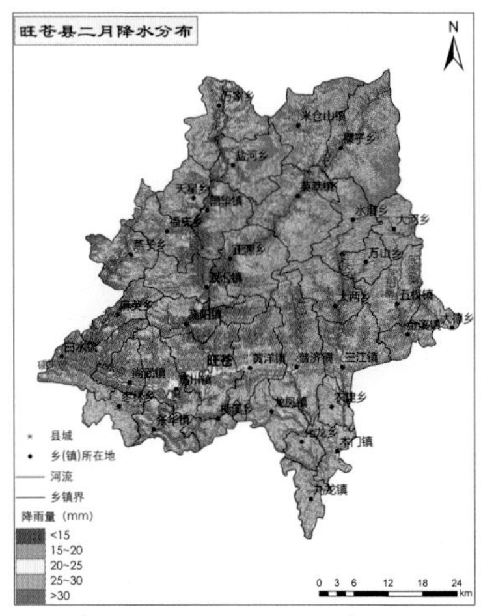
旺苍县二月降水分布
N
万家乡
米仓山镇
盐河乡
天星乡
国华镇
英萃镇
水磨乡
大河乡
福庆乡
燕子乡
万山乡
大两乡
五权镇
麻英乡
金溪镇
大德乡
白水镇
旺苍
黄洋镇
普济镇
三江镇
尚武镇
张华镇
木门镇
★ 县城
• 乡(镇)所在地
—— 河流
—— 乡镇界
降雨量（mm）
<15
15~20
20~25
25~30
>30
0 3 6 12 18 24
km

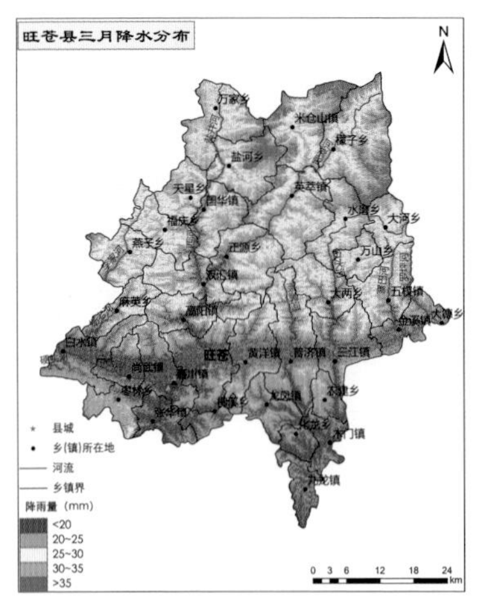
旺苍县三月降水分布
N
万家乡
米仓山镇
盐河乡
天星乡
国华镇
英萃镇
水磨乡
大河乡
福庆乡
燕子乡
正源乡
万山乡
大两乡
五权镇
麻英乡
金溪镇
大德乡
白水镇
旺苍
黄洋镇
普济镇
三江镇
尚武镇
嘉川镇
枣林乡
木门镇
★ 县城
• 乡(镇)所在地
—— 河流
—— 乡镇界
降雨量（mm）
<20
20~25
25~30
30~35
>35
0 3 6 12 18 24
km

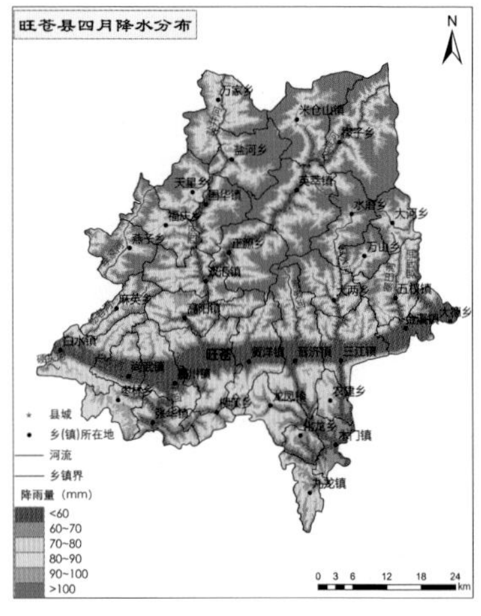
旺苍县四月降水分布
N
万家乡
米仓山镇
盐河乡
天星乡
英萃镇
水磨乡
大河乡
福庆乡
燕子乡
万山乡
大两乡
五权镇
麻英乡
大德乡
白水镇
旺苍
黄洋镇
普济镇
三江镇
尚武镇
嘉川镇
木门镇
★ 县城
• 乡(镇)所在地
—— 河流
—— 乡镇界
降雨量（mm）
<60
60~70
70~80
80~90
90~100
>100
0 3 6 12 18 24
km

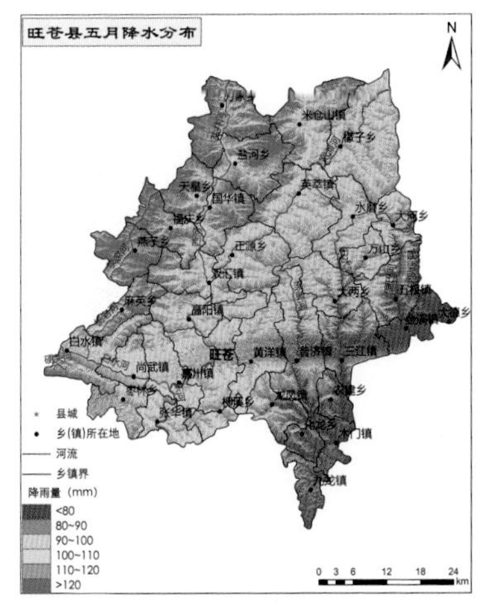
旺苍县五月降水分布
N
米仓山镇
檬子乡
盐河乡
英萃镇
天星乡
国华镇
福庆乡
燕子乡
正源乡
双汇镇
水磨乡
大河乡
万山乡
大两乡
五权镇
大德乡
麻英乡
高阳镇
白水镇
旺苍
黄洋镇
普济镇
三江镇
尚武镇
嘉川镇
张华镇
龙凤镇
农建乡
化龙乡
木门镇
九龙镇
县城
乡(镇)所在地
河流
乡镇界
降雨量（mm）
<80
80~90
90~100
100~110
110~120
>120
0 3 6 12 18 24
km

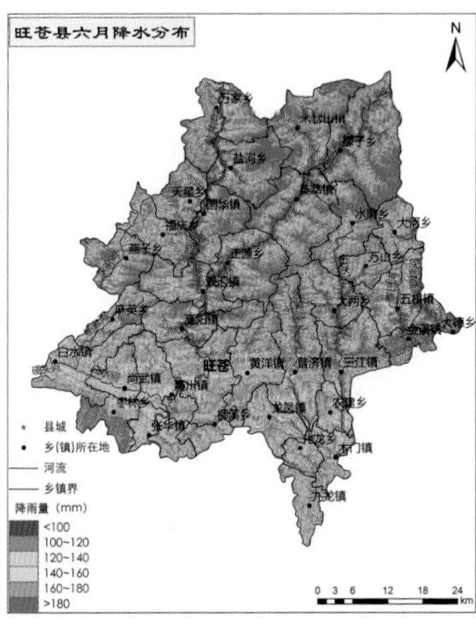
旺苍县六月降水分布
N
万家乡
米仓山镇
檬子乡
盐河乡
英萃镇
天星乡
国华镇
福庆乡
燕子乡
正源乡
双汇镇
水磨乡
大河乡
万山乡
大两乡
五权镇
金溪镇
大德乡
麻英乡
高阳镇
白水镇
旺苍
黄洋镇
普济镇
三江镇
尚武镇
嘉川镇
张华镇
龙凤镇
农建乡
化龙乡
木门镇
九龙镇
县城
乡(镇)所在地
河流
乡镇界
降雨量（mm）
<100
100~120
120~140
140~160
160~180
>180
0 3 6 12 18 24
km

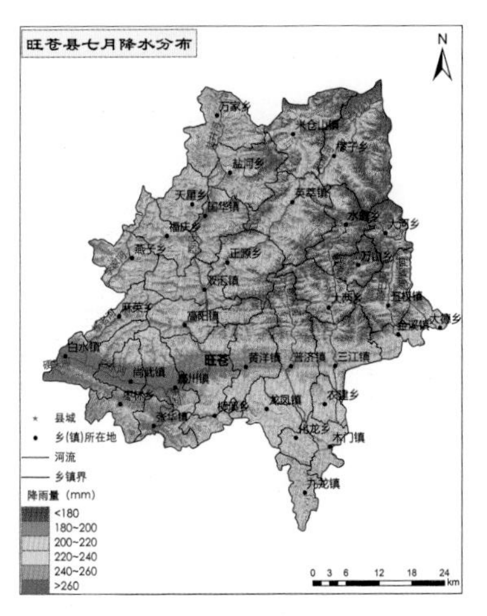
旺苍县七月降水分布
N
万家乡
米仓山镇
檬子乡
盐河乡
英萃镇
天星乡
国华镇
福庆乡
燕子乡
正源乡
双汇镇
水磨乡
大河乡
万山乡
大两乡
五权镇
金溪镇
大德乡
麻英乡
高阳镇
白水镇
旺苍
黄洋镇
普济镇
三江镇
尚武镇
嘉川镇
张华镇
龙凤镇
农建乡
化龙乡
木门镇
九龙镇
县城
乡(镇)所在地
河流
乡镇界
降雨量（mm）
<180
180~200
200~220
220~240
240~260
>260
0 3 6 12 18 24
km

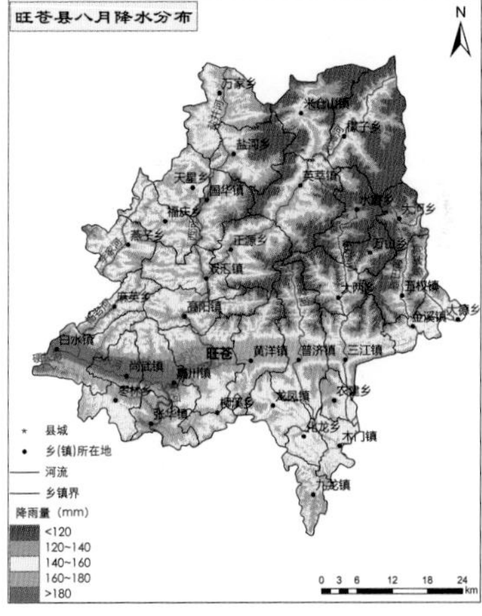
旺苍县八月降水分布
N
万家乡
米仓山镇
檬子乡
盐河乡
英萃镇
天星乡
国华镇
福庆乡
燕子乡
正源乡
双汇镇
水磨乡
大河乡
万山乡
大两乡
五权镇
金溪镇
大德乡
麻英乡
高阳镇
白水镇
旺苍
黄洋镇
普济镇
三江镇
尚武镇
嘉川镇
张华镇
龙凤镇
农建乡
化龙乡
木门镇
九龙镇
县城
乡(镇)所在地
河流
乡镇界
降雨量（mm）
<120
120~140
140~160
160~180
>180
0 3 6 12 18 24
km

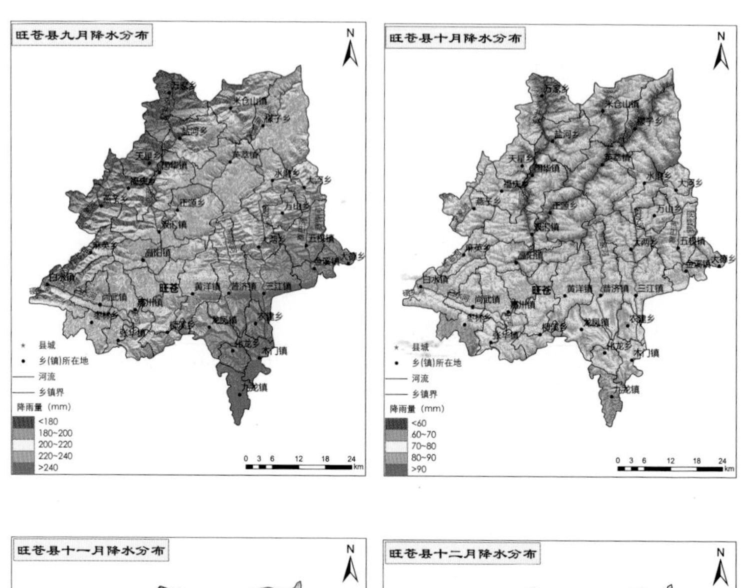

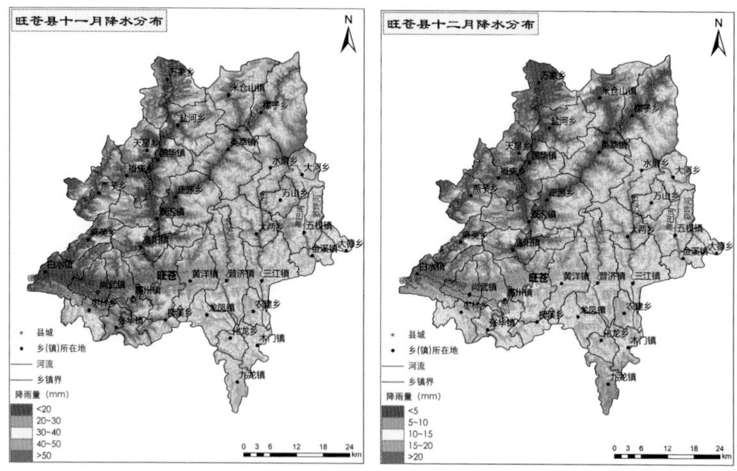

图 3.6　旺苍县各月降水量分布图

表 3.4 是旺苍县各月降水量分布，式中 Y 为降水量，X_1 为经度，X_2 为纬度，X_3 为海拔高度，X_4 为坡度，X_5 为坡向，各拟合公式的复相关系数均在 0.5 以上，并且通过 F 检验。

表 3.4　旺苍县降水量拟合公式

年降水量	$Y=42\,717.851\,562-236.828\,690X_1-512.503\,113X_2+0.190\,771X_3-4.885\,511X_4+0.947\,263X_5$
1 月	$Y=123.677\,994+6.113\,420X_1-23.801\,163X_2+0.011\,128X_3-0.225\,428X_4+0.003\,307X_5$
2 月	$Y=-873.509\,521+11.494\,025X_1-10.324\,172X_2+0.017\,512X_3-0.551\,629X_4+0.009\,605X_5$
3 月	$Y=-576.039\,185+2.991\,970X_1+8.423\,573X_2+0.011\,297X_3-0.126\,792X_4+0.021\,274X_5$
4 月	$Y=1\,975.802\,368-7.861\,123X_1-34.776\,707X_2+0.065\,370X_3-0.025\,029X_4+0.004\,384X_5$
5 月	$Y=5\,805.275\,391-62.887\,615X_1+29.481\,043X_2+0.024\,099X_3-0.125\,718X_4+0.117\,371X_5$
6 月	$Y=6\,364.488\,770-24.232\,824X_1-114.902\,626X_2+0.114\,407X_3-2.137\,652X_4+0.176\,797X_5$
7 月	$Y=31\,339.435\,547-273.489\,349X_1-62.704\,014X_2+0.064\,867X_3-0.662\,788X_4+0.120\,256X_5$
8 月	$Y=5\,110.658\,203-66.016\,098X_1+65.780\,151X_2-0.064\,336X_3-0.336\,500X_4+0.045\,818X_5$
9 月	$Y=-5\,993.761\,230+101.198\,097X_1-142.028\,961X_2+0.012\,627X_3+0.029\,872X_4+0.261\,553X_5$
10 月	$Y=1\,450.059\,692+5.004\,468X_1-59.805\,054X_2+0.027\,380X_3-0.276\,071X_4+0.076\,293X_5$
11 月	$Y=-2\,333.760\,498+35.745\,655X_1-45.022\,446X_2+0.027\,169X_3-0.416\,848X_4+0.002\,307X_5$
12 月	$Y=-441.335\,022+13.512\,740X_1-30.709\,431X_2+0.011\,374X_3-0.200\,631X_4+0.008\,310X_5$

（1）降水量随高度变化分析。

根据回归拟合公式，降水量与海拔高度相关性较高。8 月降水量随海拔高度增加而降低，其他月份降水随海拔高度增加而增加。

（2）降水与坡向关系。

旺苍年总降水量与坡向关系较为明显，其中 5—9 月降水与坡向相关性较高，具体表现为阴坡降水大于阳坡。

（3）降水量与经度、纬度、坡度分析。

旺苍逐年降水量分析结果表明，旺苍境内降水量与纬度和坡向相关最为明显。具体表现为降水量随纬度增高而降低。

3.5 日　照

旺苍县年日照时数分布总体呈南多北少的趋势，年日照时数大于 1 350 h 的区域主要分布在米仓山走廊腹部低平地带和部分河谷地区；北山地区除河谷地区外，其余区域年日照时数较少，小于 1 250 h。县内其余乡镇多在 1 250 ～ 1 350 h，如图 3.7 所示。年内各月年日照时数分配不均匀，7 月和 8 月日照时数大，12 月为全年最小。

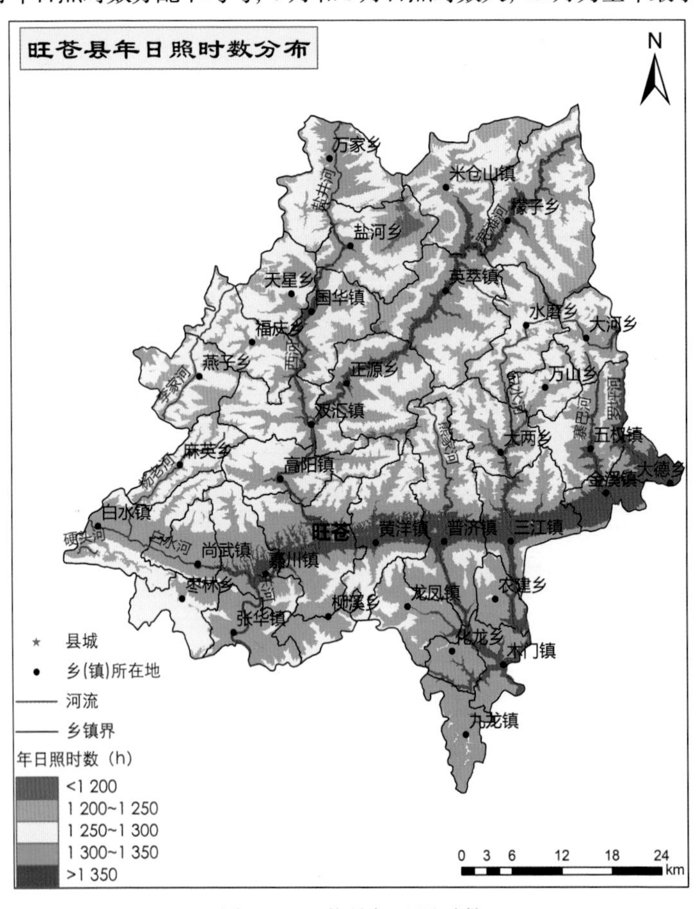

图 3.7　旺苍县年日照时数

3.6 积 温

旺苍县稳定通过 0 °C 的积温大多在 4 000 ~ 6 000 °C，最大 6 500 °C，出现在木门镇，最小 1 900 °C，出现在盐河乡；米仓山走廊和山南大部分区域 5000 ~ 6 000 °C，部分河谷地区大于 6 000 °C；北山河谷低山地区 4 000 ~ 5 000 °C，部分高山地区在 4 000 °C 以下，如图 3.8 所示。

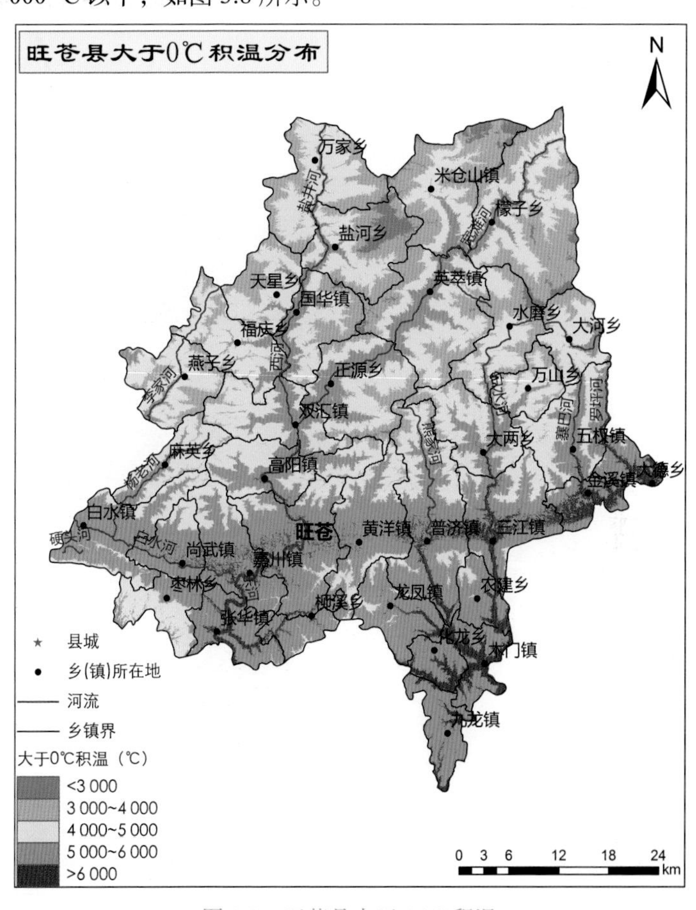

图 3.8 旺苍县大于 0 °C 积温

稳定通过 10 °C 的积温分布与稳定通过 0 °C 的积温分布类似，最大值 5 700 °C 出现在木门镇，最小值 1 200 °C，出现在盐河乡。米仓山走廊以及南山河谷地区大部在 5 000 °C 以上，其余地区在 4 000 °C 以上；北山地区除部分河谷地区大于 4 000 °C 外，其他区域大多在 2 000 ~ 4 000 °C，个别高山不到 2 000 °C，如图 3.9 所示。

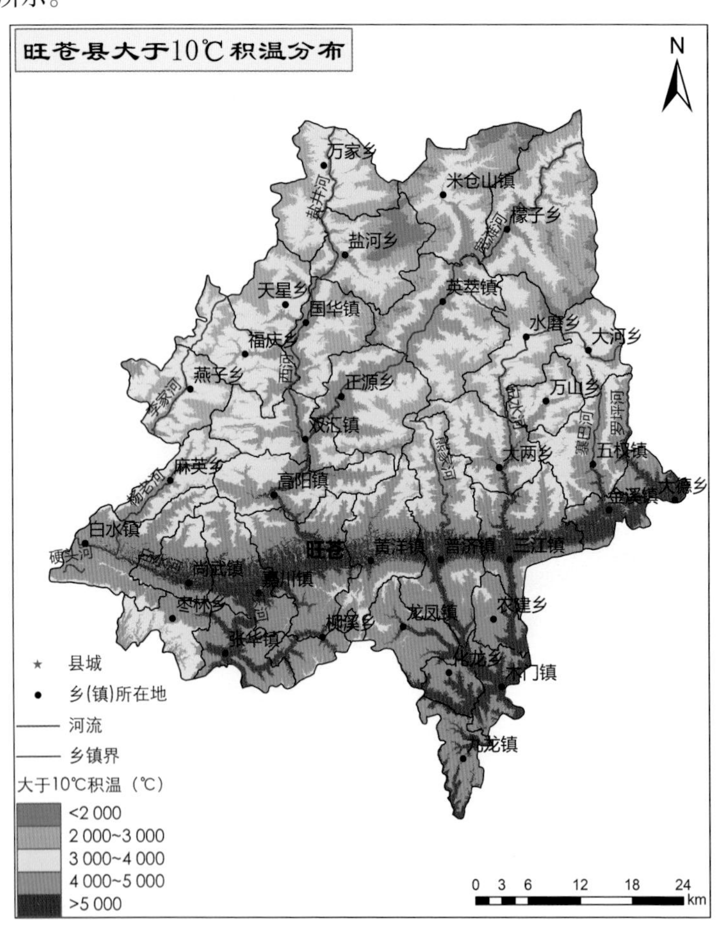

图 3.9　旺苍县大于 10 °C 积温

大于 10 °C 积温日数分布特点与大于 10 °C 积温相同，米仓山走廊以及南山河谷地区大部在 240 天以上，其余地区在 200 ~ 240 天；北山地区部分河谷地区在 200 ~ 220 天，其余地区不到 200 天。大于 10 °C 积温日数最多 260 天，出现在木门镇，最少 110 天出现在盐河乡，如图 3.10 所示。

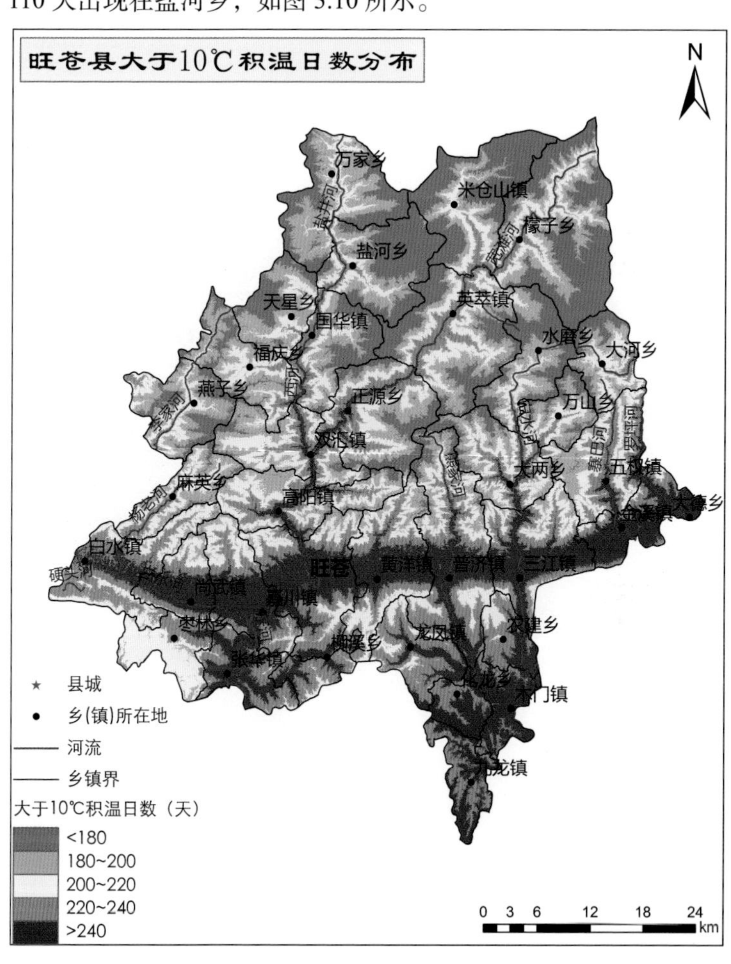

图 3.10　大于 10 °C 积温日数

3.7 无霜期

旺苍县无霜期分布特点与积温相似，南部、河谷区大，北部、山区小。米仓山走廊和南山大部分地区在 240 天以上，部分河谷地区大于 280 天；北山河谷地区 200 ~ 240 天，其余山区不到 200 天。无霜期最多 305 天，出现在木门镇，最少 35 天，出现在盐河乡，如图 3.11 所示。

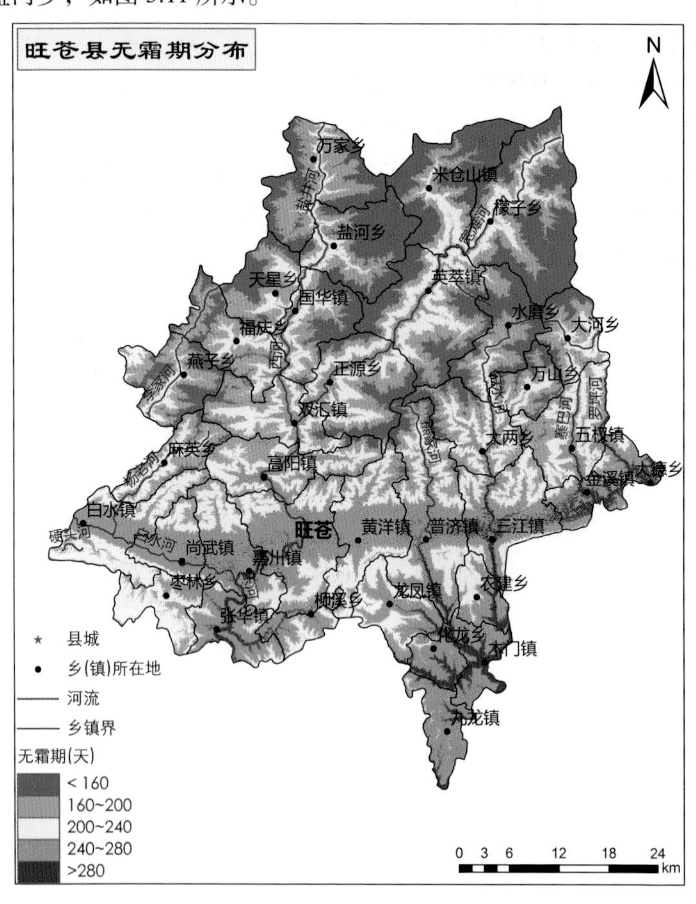

图 3.11 旺苍县无霜期分布

旺苍山区气候特点主要考虑的气温、降水、日照、积温和无霜期等气象要素。山区气温主要受地形和海拔高度影响，呈南高北低的分布特征；高值区主要分布在米仓山走廊和南山的河谷地区，年平均气温最高值和年平均最高温度均出现在木门镇，分别为 17.9 °C、23.2 °C；低值区主要分布在北山高山地带，年平均气温最低值以及年平均最低温度均出现在盐河乡，分别为 5 °C、1.2 °C。山区年降水量总体呈南多北少的趋势，其中九龙镇年降水量最大，达 1 500 mm；而万家乡年降水量最小，低于 900 mm。山区日照分布则呈径向分布，呈东北多西南少的趋势；年内各月年日照时数分配不均匀，其中 8 月日照时数多年平均值最大，12 月全年最小。山区稳定通过 0 °C 和 10 °C 的积温分布与无霜期分布特点相似，南部、河谷区大，最多日数出现在木门镇；北部、山区小，最少日数出现在盐河乡。

4 气候资源

4.1 风 能

风能资源是气候资源的重要组成部分，相对于不可再生的化石燃料，风能是具有潜力的替代能源，也是永久性的、清洁的可再生能源。作为一种无污染、可再生的绿色能源，风能具有巨大的商业潜力和环保效益。若开发得当，可在调整能源结构、缓解环境污染等方面发挥重要作用。随着经济社会和旅游产业的快速发展，旺苍县人民生活水平的提高，对能源的消耗和需求必将越来越大，旺苍县能源供给也将接受新的挑战。对旺苍县风能资源进行评估，是科学认识旺苍县风能资源分布，进行风能资源有效开发利用的前提。

4.1.1 资料来源

本次评估的观测数据来自四川省气象局以及社会企业。长

年代插补所用数据来自当地旺苍县气象观测站。数值模拟基于 NCEP 再分析资料。

1. 旺苍县气象站概况

旺苍县气象站位于 106.28°E，32.14°N，海拔高度 485.7 m，其年平均风速和风向见表 4.1。从旺苍气象站近 30 年各月平均风速看，该地区多年平均风速为 0.9 m/s，春夏季风速较大，最大为 1.1 m/s，冬季 12 月风速最小，为 0.6 m/s。

表 4.1　旺苍气象站近 30 年累年各月平均风速

月　份	1	2	3	4	5	6	7	8	9	10	11	12	年平均
月平均风速 /(m/s)	0.7	0.7	0.9	1.1	1.1	1.1	1.1	1.1	0.9	0.7	0.7	0.6	0.9

2. 测风塔基本情况

为评估旺苍县风能资源潜在开发区域风能资源状况，采用社会企业在旺苍县已建测风塔实测资料，这些测风点经过前期实地调研，代表性强。选用观测点位于旺苍县西南部山区，海拔高度 2 075 m，情况见表 4.2 和图 4.1。风速记录有 5 个通道，风向记录有 3 个通道。

表 4.2　评估区域测风塔基本情况

海拔高度 /m		2 075
地理坐标	纬度	32.55°N
	经度	106.4°E
记录通道高度 /m	风速	10、30、50、70、80
	风向	10、50、80

续表

记录时间	起	2013.03
	迄	2014.02
采用记录时间	起	2013.03
	迄	2014.02
采用记录高度 /m		80

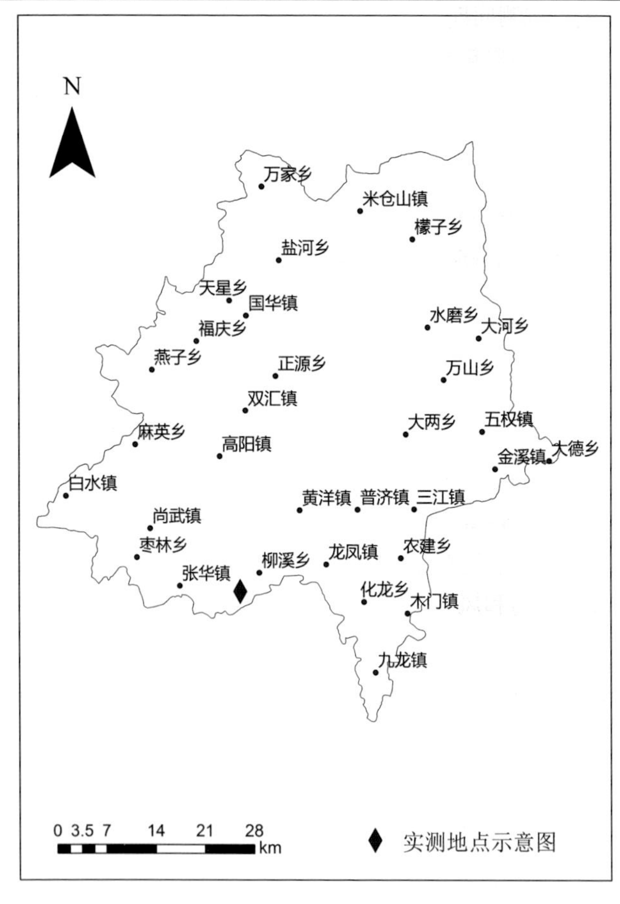

图 4.1　实测地点

4.1.2 评估方法

1. 长年代订正方法

按照《风电场风能资源评估方法》（GB/T 18710—2002）中的要求，需根据附近长期气象站的资料将测风区域观测年数据订正到代表年。本书利用各测风塔插补后完整 1 年的测风数据以及当地观测站观测同期的逐时数据，以及 1981 年 1 月 —2010 年 12 月共计 30 年的累年数据，利用 16 风向相关分析，对评估区域风速实测资料分别进行了订正，得到风电场各测风高度代表年数据。

2. 风能基本参数计算方法

（1）风功率密度计算方法。

平均风功率密度由式（4.1）计算：

$$\overline{D_{WP}} = \frac{1}{2n}\sum_{i=1}^{n}\rho \cdot v_i^3 \tag{4.1}$$

式中 D_{WP}—— 设定时段的平均风功率密度，W/m^2；

n—— 设定时段内的记录数；

v_i—— 第 i 记录风速值，m/s；

ρ —— 空气密度，kg/m^3。

（2）风向和风能频率。

以 16 方位各风向频率描述风的方向分布特征。风向频率指设定时段各方位风出现的次数占全方位风向出现总次数的百分比。

风能密度计算公式为：

$$D_{WE} = \frac{1}{2}\sum_{i=1}^{n}\rho \cdot v_i^3 t_i \tag{4.2}$$

式中 D_{WE}—— 风能密度，（W・h）/m^2；

n—— 风速区间数目；

ρ —— 空气密度，kg/m^3；

v_i^3 —— 第 i 风速区间的风速值的立方，m^3/s^3；

t_i——某扇区或全方位第 i 个风速区间的风速发生的时间，h。

风能密度分布是指设定时段各方位的风能密度占全方位总风能密度的百分比。

（3）风切变指数。

近地层风速的垂直分布主要取决于地表粗糙度和低层大气的层结状态。在中性大气层结下，对数和幂指数方程都可以较好地描述风速的垂直廓线，我国新修订的《建筑结构设计规范》推荐使用幂指数公式，其表达式为

$$v_2 = v_1\left(\frac{Z_2}{Z_1}\right)^{\alpha} \tag{4.3}$$

式中 v_2—— 高度 Z_2 处的风速，m/s；

v_1—— 高度 Z_1 处的风速，m/s；

Z_1—— 本书中取 50 m 高度；

α——风切变指数，其值的大小表明了风速垂直切变的强度。

3. 风电场

风能资源评估方法。

测风塔所在地区风能资源等级根据《风电场风能资源评估方法》风功率密度等级表评估，具体参数见表 4.3。

表 4.3 风功率密度等级表

风功率密度等级	10 m 高度		30 m 高度		50 m 高度		70 m 高度	
	风功率密度 /(W/m^2)	风速参考值 /(m/s)	风功率密度 /(W/m^2)	风速参考值 /(m/s)	风功率密度 /(W/m^2)	风速参考值 /(m/s)	风功率密度 /(W/m^2)	风速参考值 /(m/s)
1	<100	4.4	<160	5.1	<200	5.6	<230	5.81
2	100 ~ 150	5.1	160 ~ 240	5.9	200 ~ 300	6.4	230 ~ 345	6.73

续表

风功率密度等级	10 m 高度		30 m 高度		50 m 高度		70 m 高度	
	风功率密度/(W/m²)	风速参考值/(m/s)	风功率密度/(W/m²)	风速参考值/(m/s)	风功率密度/(W/m²)	风速参考值/(m/s)	风功率密度/(W/m²)	风速参考值/(m/s)
3	150 ~ 200	5.6	240 ~ 320	6.5	300 ~ 400	7.0	345 ~ 460	7.39
4	200 ~ 250	6.0	320 ~ 400	7.0	400 ~ 500	7.5	460 ~ 575	7.92
5	250 ~ 300	6.4	400 ~ 480	7.4	500 ~ 600	8.0	575 ~ 690	8.45
6	300 ~ 400	7.0	480 ~ 640	8.2	600 ~ 800	8.8	690 ~ 920	9.24
7	400 ~ 1 000	9.4	640 ~ 1 600	11.0	800 ~ 2 000	11.9	920 ~ 2 300	12.41

注：1. 不同高度的年平均风速参考值是按风切变指数为 1/7 推算的；

2. 与风功率密度上限值对应的年平均风速参考值，按海平面标准大气压及风速频率符合瑞利分布的情况推算。

4.1.3 评估结果及开发建议

1. 实测数据评估结果

（1）风速和风功能密度日变化情况。

实测地点 80 m 高度风速和风功率密度日变化情况如表 4.4 和图 4.2 所示。由图可见，平均风速凌晨至下午稍大，夜间 20 时较低，变化范围在 4.9 ~ 5.8 m/s；平均风功率密度变化无明显规律，全天值有高有低，范围在 181.9 ~ 233.6 W/m²。

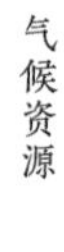

表 4.4　风速和风功率密度日变化情况表

时间	21 时	22 时	23 时	24 时	01 时	02 时	03 时	04 时
平均风速 /（m/s）	5	5.2	5.1	5.2	5.3	5.5	5.4	5.5
平均风功率密度 /（W/m^2）	200.2	198.8	192.8	217	187.4	192.2	187.7	197.7
时间	05 时	06 时	07 时	08 时	09 时	10 时	11 时	12 时
平均风速 /（m/s）	5.5	5.7	5.7	5.8	5.6	5.6	5.8	5.7
平均风功率密度 /（W/m^2）	217.7	223.5	233.6	233.4	212.6	212.7	219.1	191.1
时间	13 时	14 时	15 时	16 时	17 时	18 时	19 时	20 时
平均风速 /（m/s）	5.5	5.5	5.6	5.7	5.4	5.2	5	4.9
平均风功率密度 /（W/m^2）	188	200	220.7	219.2	219.3	201.6	211.9	181.9

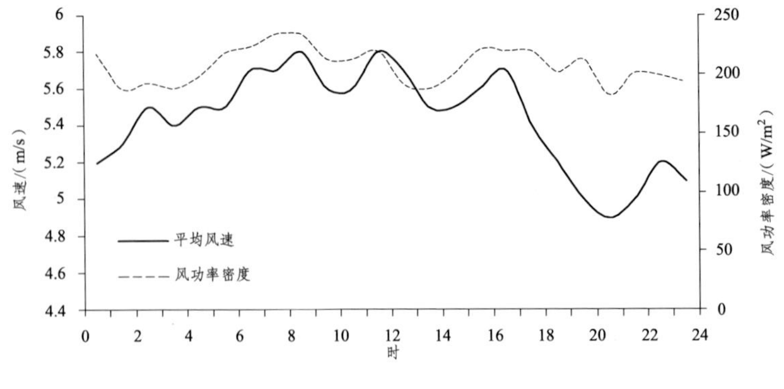

图 4.2　风速和风功率密度日变化曲线图

（2）风速和风功能密度年变化情况。

80 m 高度风速和风功率密度年变化情况如表 4.5 和图 4.3 所示。由图可见，80 m 高度风速和风功率密度有着明显的季节特征，表现为春夏季节较大，秋冬季节较小。平均风速 6 月最高，为 7 m/s；1 月最低，为 3.8 m/s；平均风功率密度在 5 月最高，为 320.7 w/m^2，10 月最低，为 104.1 w/m^2。

表 4.5　风速和风功率密度年变化情况表

月份	1 月	2 月	3 月	4 月	5 月	6 月	7 月	8 月	9 月	10 月	11 月	12 月
平均风速 /(m/s)	3.8	4.8	5.7	6.1	6.6	7	6.3	5.9	5.4	4.4	4.5	4.5
平均风功率密度 /(W/m^2)	133.3	221.8	238.9	248.5	320.7	263.8	219.4	207.8	141.4	104.1	208.6	198.2

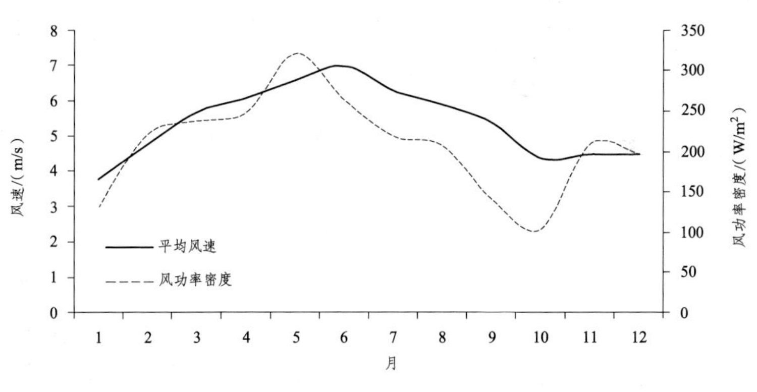

图 4.3　风速和风功率密度年变化曲线图

（3）年均风能参数。

根据实测资料得到的年均风能参数见表 4.6。利用测风点附近长期气象站（旺苍气象站）的逐时测风数据，得到实测点附近区域 80 m 高度上代表年风速及风能资源数据。80 m 高度上代表年年平均风速为 5.4 m/s，风功率密度为 203.3 W/m^2；主要风向和风能密度分布见图 4.4。风向主要分布在 SE 方向，而风能密度主要分布方向为 N，其次为 SE。

表 4.6　其他风能参数表

测风高度/m	3 ~ 25 m/s 时数百分率 /%	平均风速/(m/s)	平均风功率密度/(W/m^2)	有效风能时数/h	有效风功率密度/(W/m^2)	最大风速/(m/s)	极大风速/(m/s)	空气密度/(g/m^3)
80	74	5.4	207.2	6 518	271.9	23.9	31.3	0.964

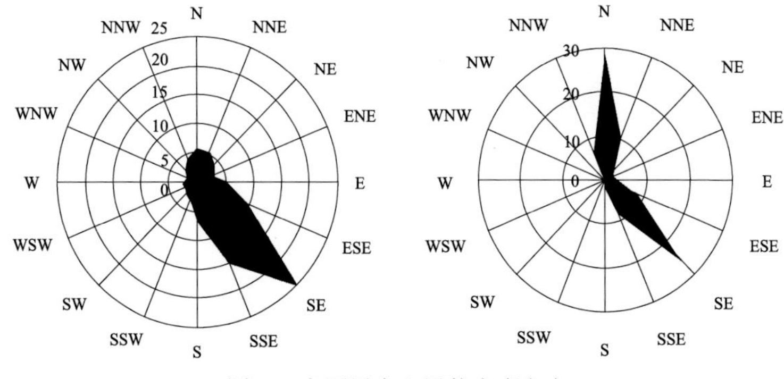

图 4.4 主要风向和风能密度方向

（4）风电场风能资源综合分析。

根据《风电场风能资源评估方法》（GB/T 18710—2002）风功率密度等级表规定，测风塔所在区域未达开发标准。

2. 数值模拟结果

由于风局地性特征强，为全面摸清旺苍县全境风能资源情况，本书运用新一代中尺度模式 ——WRF 模式系统，采用并行计算进行风能资源的数值模拟，采用 ARWpost 后处理软件，GrADs 系统和 GIS 地理信息系统完成旺苍县风能资源评估。

模拟结果见图 4.5。由图可见，旺苍县风能资源分布和地形

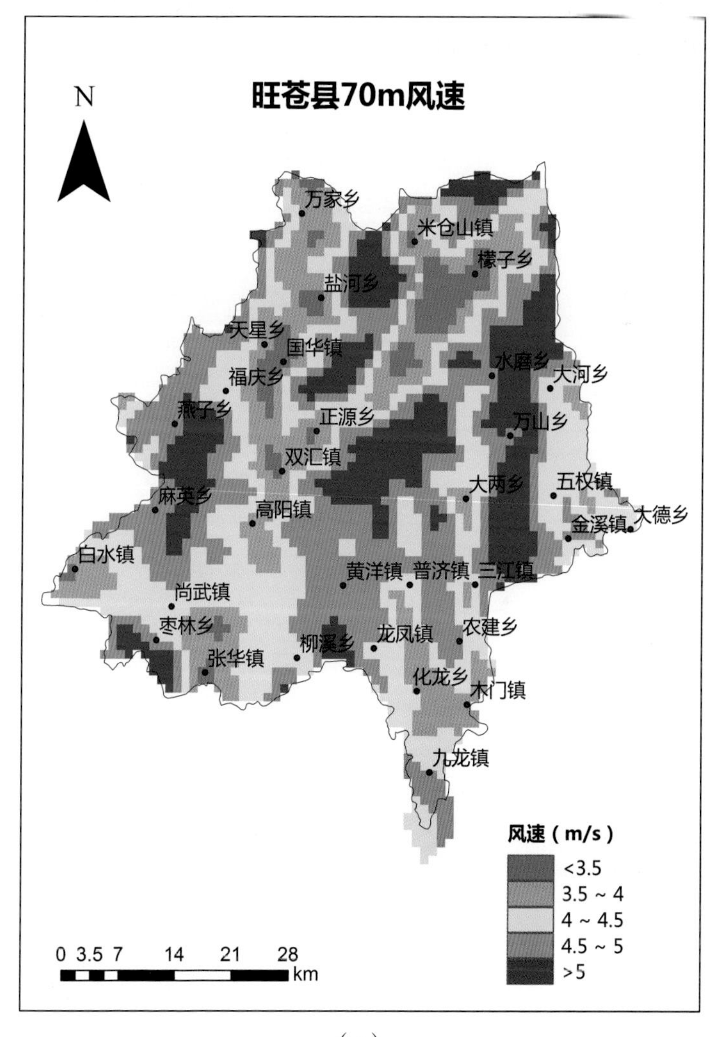

（a）

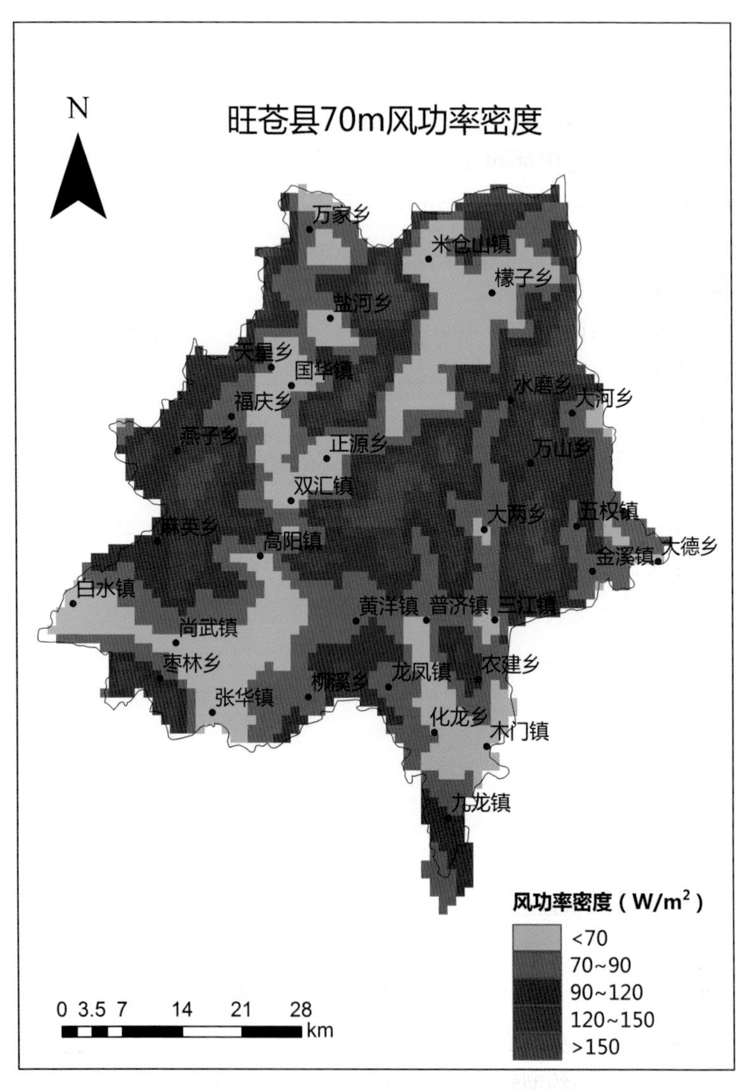

（b）

图 4.5　旺苍县 70 m 高度风速和风功率密度图

关系很大。旺苍米仓山走廊以北的北山海拔较高地区风能资源相对较好；海拔较低地区峡谷风能资源较差。所模拟的 70 m 高度风速在 4.5 m/s 以上区域分布于旺苍县区域内大部分海拔 800 m 以上山区，旺苍中部和北部山区 1 500 m 以上高海拔山区存在风速 5 m/s 以上区域。风功率密度分布情况和风速分布特点几乎一致。风功率密度大于 110 W/m^2 以上区域存在于旺苍县中部和北部海拔较高山区。虽然 70 m 处模拟风速和风功率密度根据《风电场风能资源评估方法》（GB/T 18710—2002），能达到目前开发要求的还比较少，但在旺苍中部和北部的海拔较高山区显示仍然存在风能资源相对较好的地区。

3. 开发建议

风能资源具有较强的局地性，单塔评估结果仅代表旺苍县南部测风塔所在地的风能资源情况。通过数值模拟显示，在旺苍县中部和北部的海拔较高山区，仍然存在风能资源相对较好的地区。在不久的将来，通过增设实地观测塔，以及随着风电开发技术的提高，在该区域仍然有对风能资源进行开发的可能。

4.2 太阳能资源

太阳能资源是一种取之不尽、用之不竭的绿色能源，在开发利用时，不会产生废渣、废水和废气，也没有噪声，更不会影响生态平衡，不会对环境造成污染和危害。随着全国加快推进低碳经济的大趋势，着力突破资源与环境的瓶颈制约，积极推动经济增长方式从粗放型向集约型转变，同时进一步优化能源结构，努力实现绿色发展，和谐发展和可持续发展，就必须进行太阳能等清洁能源的开发。要合理地开发利用旺苍县太阳辐射资源，首先必须了解各地区太阳辐射的详细分布情况。然而受气候和地理等环境的影响，太

阳能资源的分布具有较强的地域性。本书基于四川省 100 m×100 m 分辨率的高程模型数据（digital elevation mod，DEM）和地面气象观测资料，结合遥感反演地表反照率，对旺苍县复杂地形下的太阳辐射进行分布式模拟计算，考虑到局部地形对旺苍县太阳辐射的影响，模拟结果相对于过去仅利用气候学计算方法更为精细，为旺苍县太阳能资源的开发和利用提供理论数据和参考依据。

4.2.1 资料来源

建模所用的 1981—2010 年日照百分率数据和检验所用的 2012 年总辐射气象资料均来自四川省气象局气象站，资料进行严格的质量控制和筛选；所用的坡度和坡向等数据提取自 1 ： 25 万四川省数字高程（DEM）数据库；反演地表反照率所用遥感资料来源于南京信息工程大学数据库中 NOAA—AVHRR 通道 1 和 2 观测数据。

采用四川省境内辐射观测站 2012 年 12 个月实测总辐射值与同期模拟计算值进行检验，结果显示模拟值和实测值相对误差平均值为 6.86%。

4.2.2 评估方法

1. 模型建立

复杂地形上的地表太阳总辐射若忽略地表和大气之间的多次反射，可认为由太阳直接辐射、天空散射辐射和地形的反射辐射三部分组成，模型也根据这三部分而建立。

（1）直接辐射计算模型的建立。

考虑结合气象观测站的日照百分率观测资料，建立水平面太阳直接辐射模型：

$$Q_b = Q \cdot f_b = Q(1-a)\{1-\exp[-bs^c/(1-s)]\} \tag{4.4}$$

式中 Q—— 水平面太阳总辐射量；

f_b—— 直接分量；

a，b，c—— 经验系数，代表水平面直接辐射占总辐射的比重；

s—— 日照百分率。

$$Q_{b\alpha\beta} = \frac{Q_{0\alpha\beta}}{Q_0} \times Q_b \tag{4.5}$$

式中 $Q_{b\alpha\beta}$—— 复杂地形下天文辐射，由太阳时角、坡度、坡向等数据计算；

Q_0—— 水平面天文辐射，据网格点太阳赤纬、太阳常数、纬度等数据计算而得；

Q_b—— 水平面太阳直接辐射，由与地形没有直接关系的日照百分率和大气参数求得。

（2）散射辐射计算模型的建立。

局部地形对天穹各方向散射辐射有遮蔽作用。复杂地形中太阳散射辐射的计算模型为

$$\begin{aligned} Q_{d\alpha\beta} &= Q_d\left[\left(Q_b/Q_0\right)R_b + V\left(1-Q_b/Q_0\right)\right] \\ &= Q_d\left[f_b k_t R_b + V\left(1-f_b k_t\right)\right] \end{aligned} \tag{4.6}$$

式中 $Q_{d\alpha\beta}$—— 复杂地形下太阳散射辐射；

Q_d—— 水平面太阳散射辐射，指不考虑地形影响情况下地面能够接收到的太阳散射辐射量；

$k_t = \dfrac{Q}{Q_0}$—— 晴空指数；

V—— 地形开阔度，由地形特征所决定。

（3）反射辐射计算模型的建立。

① 实际地形下太阳地形反射辐射分布式模型。

地形的开阔度和周围山地的反射能力会影响被周围地形投射过来的太阳反射辐射量的接受，其计算式为

$$\begin{cases} Q_{\gamma\alpha\beta} = \alpha_S\left(Q_b + Q_d\right)(1-V) = Q\alpha_S(1-V) & V \leqslant 1 \\ Q_{\gamma\alpha\beta} = 0 & V > 1 \end{cases} \tag{4.7}$$

式中 $Q_{\gamma\alpha\beta}$ —— 地形反射辐射；

α_S —— 地表反照率，由下垫面性质所决定的。

② 地表反照率模型。

根据宽带反射率（地表反照率）与 NOAA/AVHRR 的窄带反射率（谱反射率）之间的线性回归关系可以得出地表反照率计算公式如下：

$$\alpha = a\gamma_1 + b\gamma_2 + c \tag{4.8}$$

式中 γ_1，γ_2——分别是 NOAA / AVHRR 第一和第二通道的窄带反射率（谱反射率）；

a，b，c—— 经验系数。

（4）总辐射计算模型的建立。

实际复杂地形中地表接收的太阳总辐射由三部分组成：

$$Q_{\alpha\beta} = Q_{b\alpha\beta} + Q_{d\alpha\beta} + Q_{r\alpha\beta} \tag{4.9}$$

式中 $Q_{\alpha\beta}$ —— 复杂地形下太阳总辐射；

$Q_{b\alpha\beta}$ —— 复杂地形下太阳直接辐射；

$Q_{d\alpha\beta}$ —— 复杂地形下太阳散射辐射月总量；

$Q_{r\alpha\beta}$ —— 地形反射辐射。

（5）模拟结果检验。

采用四川省境内辐射观测站 2012 年 12 个月实测总辐射值与同期模拟计算值进行检验。结果显示模拟值和实测值相对误差平均值为 6.86%。

2. 稳定度计算

太阳能资源稳定程度用各月日照时数大于 6 h 的天数最大值与最小值的比值表示，可以反映当地太阳能资源全年变幅。比值越小，说明太阳能资源全年变化越稳定，越有利于太阳能资源的利用。太阳能资源稳定程度计算公式为

$$K=\frac{\max(Day_1,Day_2,\cdots,Day_{12})}{\min(Day_1,Day_2,\cdots,Day_{12})} \tag{4.10}$$

式中　K——太阳能资源稳定程度指标，无量纲数

$Day_1,Day_2,\cdots,Day_{12}$——1—12 月各月日照时数大于 6 h 的天数，天（d）；

max( )—— 求最大值的标准函数；

min( )—— 求最小值的标准函数。

太阳能资源稳定程度划分为：$K<2$，太阳能资源稳定；$2<K<4$，太阳能资源较稳定；$K>4$，太阳能资源不稳定。

3. 太阳能资源丰富程度评估方法

太阳能资源丰富程度评估根据《太阳能资源评估方法》（QX/T 89—2008）进行评估，详情见表 4.7。

表 4.7　太阳能资源丰富程度等级

太阳总辐射年总量	资源丰富程度
≥ 1 750 kW · h/（m^2 · a）	资源最丰富
6 300 MJ/（m^2 · a）	
1 400 ～ 1 750 kW · h/（m^2 · a）	资源很丰富
5 040 ～ 6 300 MJ/（m^2 · a）	
1 050 ～ 1 400 kW · h/（m^2 · a）	资源丰富
3 780 ～ 5 040 MJ/（m^2 · a）	
<1 050 kW · h/（m^2 · a）	资源一般
<3 780 MJ/（m^2 · a）	

4.2.3 评估结果及开发建议

1. 太阳能资源和丰富程度评估

根据太阳能资源评估标准，对旺苍县太阳能资源进行评估，结果显示，旺苍县辐射资源分布和地形有很大关系，海拔较低的河谷和平地辐射资源相对较高，海拔较高的山地辐射资源相对较低。1981—2000 年旺苍县年平均总辐射为 3 511 MJ/m^2，模拟最小值 2 118 MJ/m^2，最大值 4 044 MJ/m^2。总辐射分布同地形密切相关，米仓山走廊、南山和北山海拔较低的平地区域，总辐射多在 3 400 MJ/m^2 以上，见图 4.6（a）、（b）。

2. 太阳能资源时空分布情况

旺苍县总辐射四季分布情况如表 4.8 和图 4.7 所示，四季总辐射依次为夏季 > 春季 > 秋季 > 冬季。辐射值最大的夏季总辐射值范围在 950 ~ 1 499 MJ/m^2；辐射值最小的冬季总辐射范围在 147 ~ 435 MJ/m^2。旺苍县总辐射各季分布特点均与全年平均总辐射一致。根据辐射资源评估标准，旺苍县米仓山走廊东部部分区域太阳能资源模拟结果达到资源丰富等级，其余地区多为资源一般等级。从四季分布情况来看，夏季总辐射最大，总辐射在 950 ~ 1 499 MJ/m^2；冬季总辐射最小，总辐射在 147 ~ 435 MJ/m^2；各季节的总辐射地域分布特点基本一致。

表 4.8　四季总辐射量特征统计

	春季	夏季	秋季	冬季
最大值 /（MJ/m^2）	1 175	1 499	846	435
最小值 /（MJ/m^2）	649	950	310	147

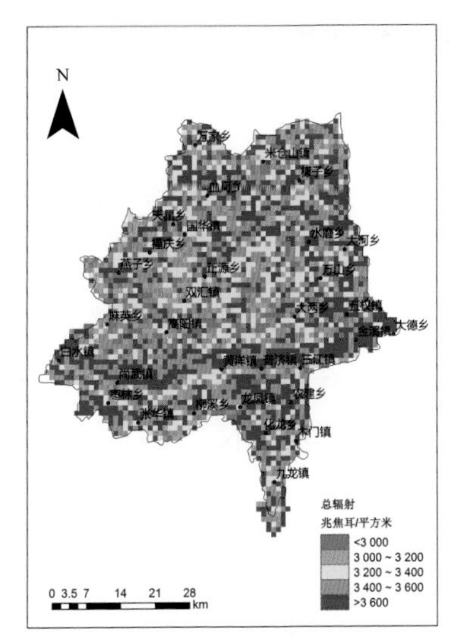

（a）旺苍县太阳能总辐射分布

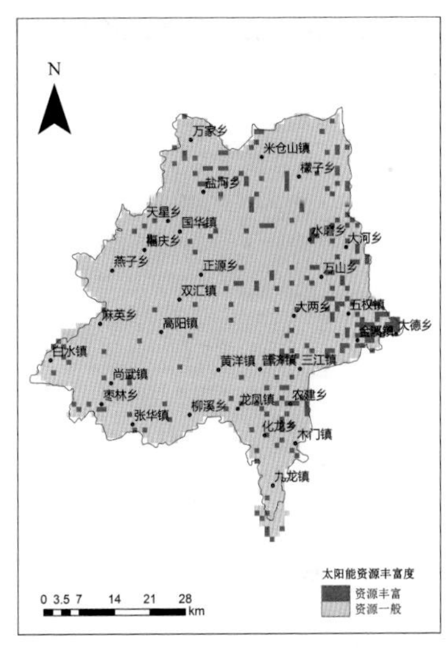

（b）旺苍县太阳能资源丰富度分布

图 4.6　旺苍县太阳能

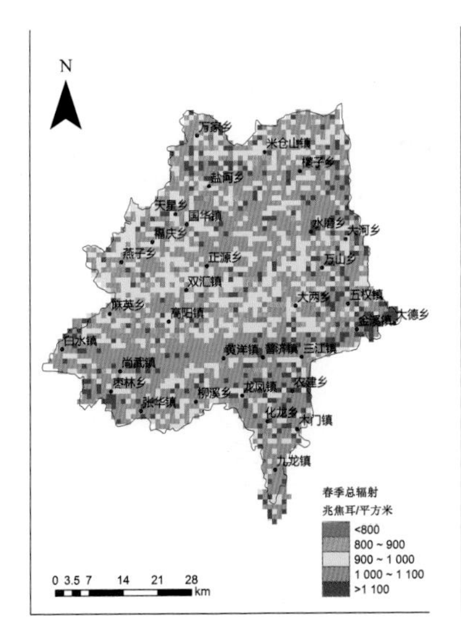

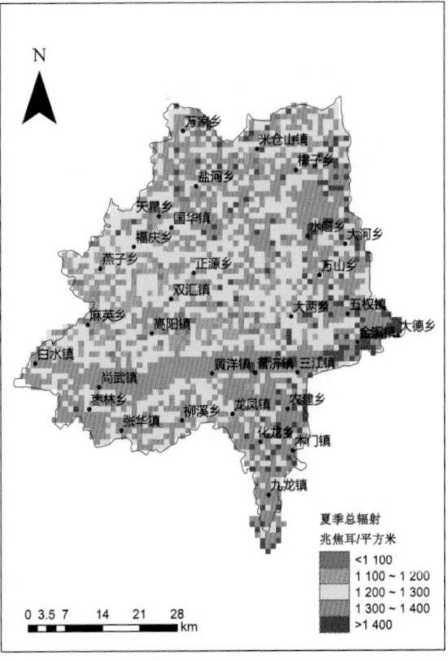

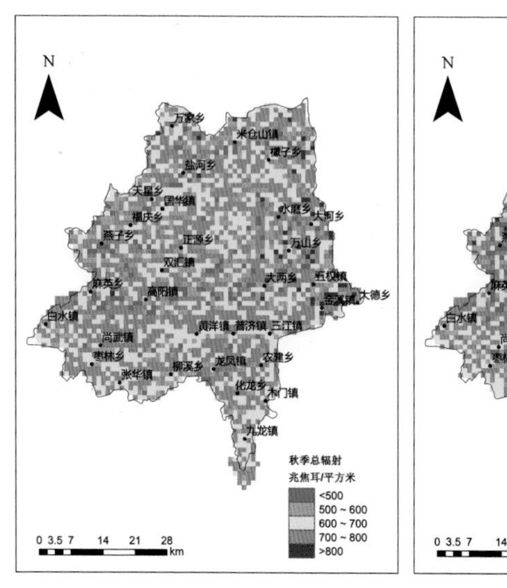

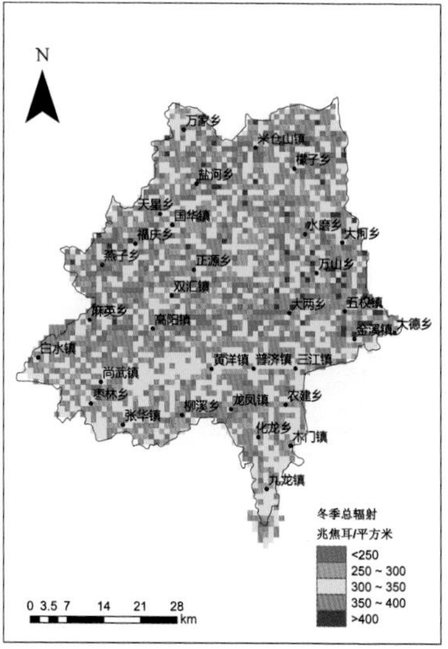

图 4.7　旺苍县总辐射四季分布

3. 开发建议

在太阳能资源丰富且地形平坦的米仓山走廊西部地区，可适当建设中小型分布式发电设施；在地形陡峭的山地且交通不便地区，可在居民楼房和平顶以及户外空地建设安装中小型分布式发电系统以及太阳能路灯等设施，自发自用，解决当地居民自用电问题，合理利用太阳能资源。

5　名特优品种气候适应性区划

本着充分利用和开发农业气候资源，避免和克服不利气候条件对农业生产的影响，以及因地制宜、适当集中的原则，着重对合理调整大农业结构、从农业气候适应性角度对旺苍名特优经济品种——核桃、茶树、猕猴桃种植进行气候可行性适宜区划。旺苍县核桃栽培历史悠久，适生地域宽广，到2020年，全县核桃种植面积计划达到3.33万公顷，丰产后产量达到7.5万吨，实现产值15亿元，农民年人均核桃纯收入达到5 000元以上；旺苍县近年来还着力打造覆盖12个乡镇、50个村的万亩有机茶产业园区，建成茶场62个，茶园总面积达到1.33万公顷。目前，“米仓山”茶叶品牌已获国家有机茶产地和产品认证。

5.1　核桃精细化农业气候区划

截至2015年，旺苍县核桃发展重点分布于“五大核桃产业

带”、35 个乡镇，规模达到 3.33 万公顷，其中标准化基地面积达到 2 万公顷，品种改良面积达到 1 万公顷，建设核桃采穗圃面积 106.7 公顷；培育省级核桃加工龙头企业 1 家；产量达到 5×10^7 kg，实现产值 20 亿元。预计到 2020 年，全县核桃产量将达到 1×10^8 kg，实现产值 40 亿元以上。

5.1.1 农业气候条件

核桃是喜光树种，生长期日照时数与强度对树体生长、花芽分化和果实发育有很大影响。一般情况下，全年日照时数应在 1 300 h 以上，少于 1 000 h 结果不良，郁闭核桃园一般结实差、产量低。核桃也是喜温树种，适宜在年平均气温 9 ~ 16 °C 下生长，冬季极端最低气温不低于 − 20 °C，夏季极端最高气温不超过 35 °C，无霜期在 180d 的地区，幼树在 − 20 °C 以下时会出现“抽条”或冻死；成年树在气温低于 − 25 °C 时不能正常结果。核桃树展叶后，如遇到 − 4 ~ − 2 °C 低温将导致新梢受冻，花期和幼果期遇到 − 2 ~ − 1 °C 低温则受冻减产。生长期遇 38 °C 以上的高温核仁停止发育，形成空壳和秕仁。开花期气温在 15 ~ 18 °C 有利授粉。核桃树对土壤水分比较敏感，过湿或过干的土壤都不利于核桃果实的正常生长，在年降水 600 ~ 1 200 mm 的地区，无须灌溉，核桃生长良好。

5.1.2 农业气候区划指标

以核桃生产的优质、高产、高效为目的，参考相关研究成果，采用影响核桃生长、品质的年平均气温、年降雨量、年日照时数、大于等于 10 °C 积温因素为区划因子，划分出最适宜区、适宜区、较适宜区和不适宜区，详见表 5.1。

表 5.1　核桃气候区划指标

分区指标	最适宜	适宜	不适宜
年平均温度 /°C	8 ~ 16	6 ~ 8；16 ~ 18	<6；>18
年降水量 /mm	800 ~ 1200	600 ~ 800； 1 200 ~ 1 400	<600；>1 400
年日照时数 /d	⩾ 1300	1 000 ~ 1 300	<1 000
⩾ 10 °C 积温 /°C	4 000 ~ 5 000	3 000 ~ 4 000	<3 000；>5 000

根据上述区划指标，利用旺苍县及周边气象站观测资料建立各区划指标的小网格推算模型，见式（5.1）。

$$X = f(i, j, h) + \varepsilon \tag{5.1}$$

式中　X—— 区划指标（如年平均气温、年降雨量等）；

i，j，h—— 经度、纬度和海拔高度等；

ε—— 残差项，是实际观测值和模型推算值的差。

采用多元线性回归法建立推算模型，年降水量、年平均气温和大于等于 10 °C 积温表达式见第三章，年日照时数的网格推算模型表达式如表 5.2 所示。

表 5.2　区划指标小网格推算模型

区划指标 X_i	推算模型
年日照	$-0.132h + 58.131x + 94.108y - 7\,792.732$

利用 GIS 软件，基于国家基础地理信息中心提供的 DEM 数据，计算得到各区划因子在小网格上的空间分布情况，经插值得到的残差分布状况。将区划因子的推算值与残差值相叠加，得到每个区划因子的分布图。

5.1.3 区划结果及建议

1. 区划结果

根据上述得到的 4 个农业气候区划因子，利用层次分析法，得到旺苍县核桃种植农业气候区划图，如图 5.1 所示。分为不适宜、适宜和最适宜 3 个区。

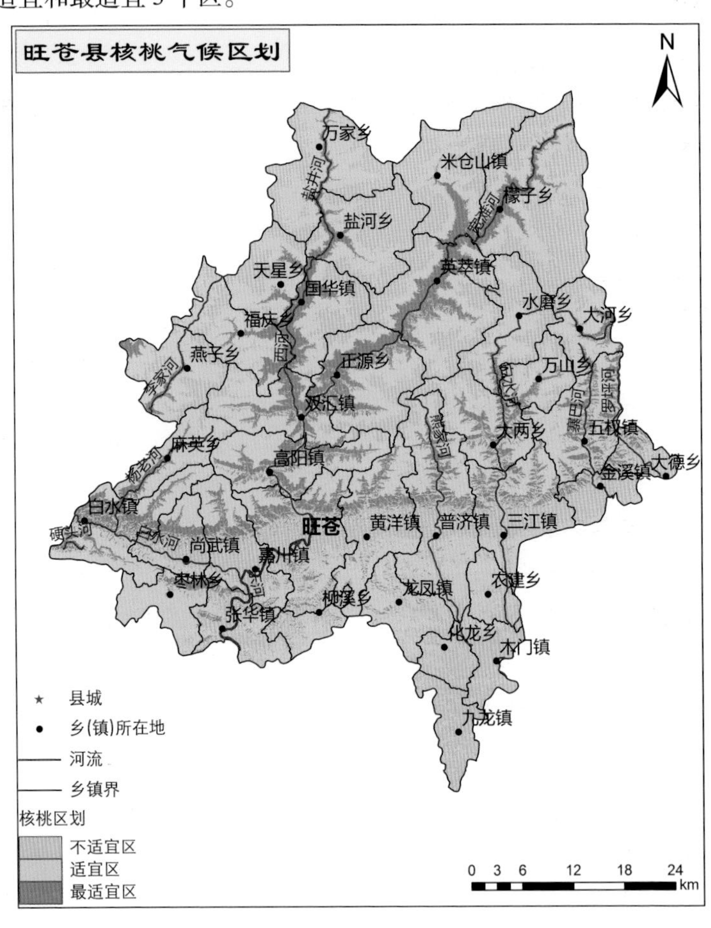

图 5.1 核桃种植适宜性综合区划图

最适宜区：旺苍县核桃种植的最适宜区主要分布在米仓山走廊北部，沿海拔较低的高山河谷地带呈条带状分布，其中以高阳镇、双汇镇、正源乡、国华镇、英萃镇、檬子乡、米仓山镇分布最为集中，米仓山走廊北侧白水镇、尚武镇、东河镇、黄洋镇、普济镇、三江镇、五权镇、金溪镇核桃种植分布面积较广，但相对零散；米仓山走廊南侧枣林乡、张华镇存在零星分布。这一区域年平均温度多在 14 ~ 16 °C，年降水量多在 1 000 ~ 1 200 mm，年日照时数在 1 250 ~ 1 300 h，≥ 10 °C 积温在 4 000 °C 以上，能够满足核桃种植所需的气象条件，适宜发展核桃种植产业。

适宜区：主要分布在米仓山走廊南部和米仓山走廊北部海拔较高区域，包括龙凤镇大部、普济镇大部、农建乡大部、黄洋镇南部、柳溪乡大部、张华镇大部、枣林乡大部、大河乡大部、水磨乡大部、万山乡大部，万家乡部分地区、盐河乡部分地区、米仓山镇部分地区、檬子乡部分地区、福庆乡部分地区、燕子乡部分地区。该区域日照、热量、水分条件都能满足核桃树生长的需要，但该区域海拔较高，热量条件略次于最适区，且年累积降水量偏多，因此对于核桃种植来讲是适宜区。

不适宜区：该区域主要集中在米仓山走廊中部一线及米仓山走廊北部高海拔地区，自白水镇中部到大德乡南部，呈线条状，九龙镇、木门镇、农建乡和化龙乡也有分布。这一区域虽然日照和水分条件适宜核桃的生长，但由于海拔较低，温度偏高，热量条件不利于核桃的种植。

2. 对策建议

要提高核桃生产的经济效益，必须实施丰产经营管理，主要丰产经营措施如下：

（1）进一步对本地区核桃资源进行普查，开展选优，积极发展良种，改造低产林分。

（2）搞好规划，规模经营与小片种植相结合，建立和发展核桃商品生产基地。本着适地适树的原则，因地制宜，搞好规划。根据核桃的生态习性和区域性自然条件及土地资源和现有野生资源与栽培经验，应在有一定面积的集中成片的荒山荒地，认真规划实行规模经营，并在零星空地，建立小片枧园，进行集约经营。

（3）开发利用野生资源，嫁接改造建园。利用野生树作为砧木，选用良种进行换冠嫁接。

（4）依靠科学技术，提高管理水平。通过短期培训技术咨询服务、技术承包等多种方式，向群众大力推广多头多位品种改良方法，加强垦复间种、施肥、灌水、修剪、病虫害综合防治，切实做到优质、速生、早实、丰产，让生产者尽快受益。

5.2　茶树精细化农业气候区划

旺苍县土壤中富含硒、锌等多种微量元素，种茶条件得天独厚，是全国首批有机茶产品认证示范县、四川省首个全国绿色食品（茶树）原料标准化生产基地和全省 9 个茶树基地强县之一。截至 2012 年，全县茶树种植达到 1.34 万公顷，实现产量 2 700 吨、产值 5.5 亿元，建成了 4 个万亩生态茶树示范园，10 个千亩茶树专业乡镇和 11 个 20 公顷以上的茶树种植成片示范园，标准化茶园达到 1.01 万公顷。

5.2.1　农业气候条件

茶树为多年生常绿灌木，适应力极强。由于茶树原产于西南部湿润多雨的原始森林，在长期的生长发育进化过程中，茶树形成了喜温、喜湿、耐荫的生活习性，其生长环境要求：气候温和、

雨量充沛、湿度大、光照适中、土壤肥沃。

昼夜平均气温稳定在 10 °C 以上时，茶芽开始萌动逐渐伸展。生长季节，月平均气温应在 18 °C 以上，最适气温 20 ~ 27 °C，生长适宜的年有效积温在 4 000 °C 以上。光照对于茶树的影响，主要是光的强度和性质，茶树有耐阴的特性，喜弱光照射和漫射光。茶树适宜的降雨量在年平均 1 000 ~ 2 000 mm，生长季节的月降雨量在 100 mm 以上，相对湿度一般以 80% ~ 90% 为佳。茶树对土壤的适应性较广，一般土层深度在 60 cm 以上，呈酸性反应（土壤 pH 值在 4.0 ~ 6.5），且不渍水的土壤都可以种茶，土壤相对含水量以 70% ~ 80% 为宜。

茶树在一年中，具有随季节而变化的轮性生长特点。在自然生长条件下，茶树全年有 3 次生长和休止，即：越冬芽萌发 → 第一次生长（春梢：3 月上旬至 5 月上旬）→ 休止 → 第二次生长（夏梢：6 月上旬至 7 月上旬）→ 休止 → 第三次生长（秋梢：9 月上旬至 10 月下旬）→ 冬季休眠（10 月中旬至 3 月中旬）。

（1）春梢生长期。

3 月上旬至 5 月上旬，春梢迅速生长。3 月上旬连续 ≥ 3 d 日，平均气温 ≥ 10 °C 时，茶芽萌动生长、鱼叶迅速展开。气温稳定在 10 °C 以上时，茶芽、叶片生长加快，并抽出新梢。15 ~ 20 °C 时生长较快。3—5 月平均月不少于降水 100 mm，空气相对湿度 80% ~ 90%，土壤相对湿度以 70% ~ 80% 为宜。日照时数 3 ~ 5 h/d。

（2）夏梢生长期。

6 月上旬至 7 月上旬，适宜日均气温 18 ~ 27 °C，20 ~ 30 °C 时生长最旺盛，但易老化，故俗语有“茶到立夏一夜粗”。最高气温 35 °C 以上时，茶树生长停止，高于 40 °C 时，叶片因失水而干枯死亡。水分要求 6—7 月平均月降水 100 mm 以上，空气相对湿度 80% ~ 90%，土壤相对湿度以 70% ~ 80% 为宜。日

照时数 5 h/d 左右。

（3）秋梢生长期。

9 月上旬至 10 月下旬，适宜平均气温 18 ~ 27 °C，平均气温 10 °C 左右生长停止。水分要求空气相对湿度 80% ~ 90%，土壤相对湿度以 70% ~ 80% 为宜，日照 5 h/d 左右。

5.2.2 农业气候区划指标

结合茶树的生长发育和品质需求，并综合参考有关方面的研究成果，在多次进行实地考察调研的基础上，从气候条件的角度，认为旺苍县茶树精细化区划应从茶树的适应性和茶树的优质效益两个层面考虑。采用全年降水量、春季降水量、全年日照时数和 ≥ 10 °C 积温作为区划指标，划分出最适宜区、较适宜区和不适宜区，详见表 5.3。

表 5.3 旺苍县茶树适宜性区划指标

区划指标	最适宜区	较适宜区	不适宜区
全年降水 /mm	≥ 1 100	1 000 ~ 1 100	< 1 000
春季降水 /mm	≥ 150	100 ~ 150	< 100
日照 /h	> 1 300	≤ 1 300	
≥ 10 °C 积温 /°C	≥ 4 500	3 500 ~ 4 500	< 3 500

利用 GIS 软件，基于国家基础地理信息中心提供的 DEM 数据，计算得到各区划因子在小网格上的空间分布情况，经插值得到的残差分布状况。将区划因子的推算值与残差值相叠加，得到每个区划因子的分布图。年降水量、年日照时数和年 ≥ 10 °C 积温分布图见第三章，春季降水分布如图 5.2 所示。

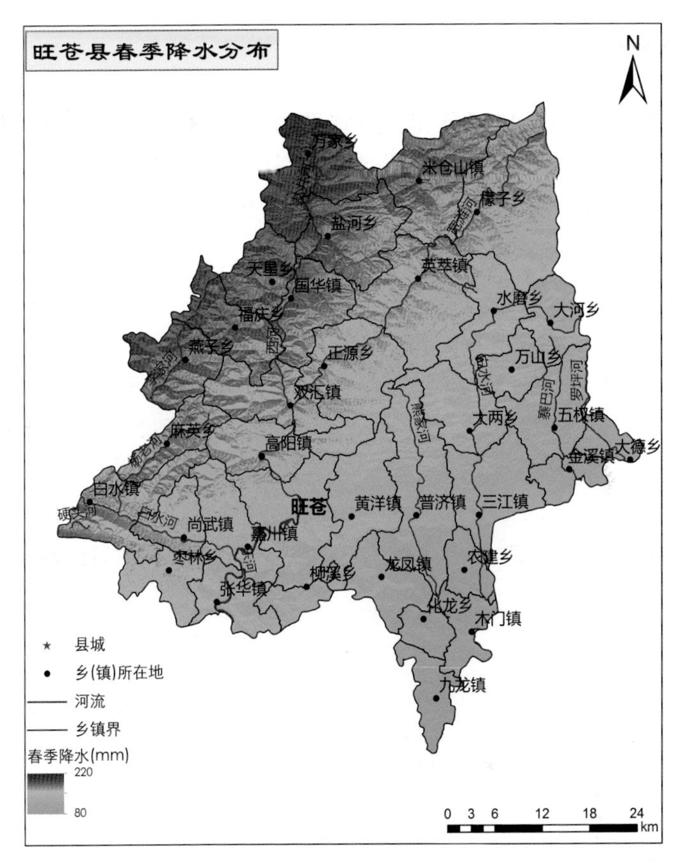

图 5.2　旺苍县春季降水分布

春季降水分布图（见图 5.2）与年降水量分布图相似，自北向南、从西北到东南呈现出由高到低的趋势。春季降水在 150 mm 以上的区域主要集中在旺苍县北部，春季降水最高的区域位于万家乡、盐河乡、天星乡、国华镇、福庆乡、燕子乡、麻英乡、白水镇一带，多高于 200 mm；降水较低的区域集中在旺苍东南部及旺苍南部，包括九龙镇、木门镇、农建乡、三江镇、金溪镇及大德乡，这一区域春季降水多在 100 mm 以下。

5.2.3 区划结果及建议

1. 区划结果

根据区划指标，利用 GIS 技术，得出旺苍县茶树种植精细化气候区划图，如图 5.3 所示。

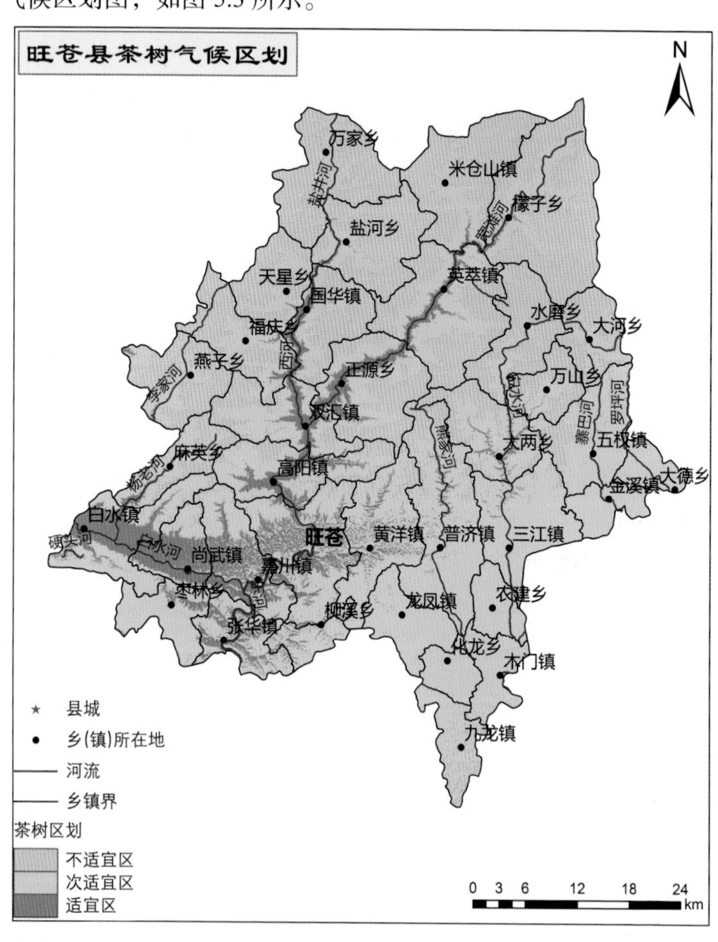

图 5.3 旺苍县茶树种植精细化气候区划

适宜区：热量、光照、水分等条件均能充分满足茶树各生育期需求的地区较少，呈条带状零星分布于旺苍县的西南部及河谷地区，主要位于枣林乡、尚武镇、白水镇、东河镇等区域；中部至北部河谷地区，包括高阳镇中部、双汇镇中部、正源乡中部、英萃镇中部、福庆乡中部、国华镇与天星乡交界处也有条带状适宜种植区分布。其余乡镇适宜种植区面积分布较小。

次适宜区：除海拔较高的米仓山走廊北部部分地方和南部九龙镇局部地方外，旺苍县大部均为茶树种植的较适宜区。该区域日照、热量、水分条件都能基本满足茶树生长的需要。较适宜区主要分布于米仓山走廊及其南侧区域，各乡镇均有较适宜种植区分布；米仓山走廊北侧较适宜区分布与适宜区一致，沿河谷地区呈带状分布。

不适宜区：该区域主要分布在海拔较高的米仓山走廊北部部分地方和南部九龙镇，主要包括燕子乡、国华镇、天星乡、万家乡、盐河乡、米仓山镇、檬子乡、水磨乡大部地区等。米仓山走廊北部部分地方由于海拔较高，虽然热量和水分条件能满足茶树生长的需求，但年日照超过 1 400 h，而茶树耐阴喜弱光，因此不适宜茶树种植；南部九龙镇部分地区，春季降水量过低，水分条件不能满足茶树的生长。

2. 对策建议

茶树种植需按照实际情况，划区分块，设置茶园道路；因地制宜建立蓄、排、灌水利系统；注意改善茶园生态环境条件，选择适宜的树种营造茶园防护林、行道树网或遮阴树。注意引进品种的适应性能，要考虑品种适制性，做好多品种合理搭配，选择合适的引种季节。加强苗期管理，及时进行除草、抗旱、防冻、施肥和病虫害防治等工作，加强茶园管理、修剪、中耕锄草，使茶园通风透光，减少病害发生。切实搞好茶树病虫害的科学防治，必须以建立生态茶园、无公害茶园为目标，实行以农业防治为基

础、生物防治为中心、化学防治为辅助手段的综合防治措施。

5.3 猕猴桃精细化农业气候区划

猕猴桃是旺苍县的特色农产品之一，并通过了中国有机转换产品认证。2015 年，旺苍县将猕猴桃种植面积扩大到 533 公顷，已成为全县发展农村经济的优势产业。

5.3.1 猕猴桃生育的农业气候条件

据资料，猕猴桃在年平均气温 10 °C 以上的地区可以生长，在海拔 600 ~ 800 m，年日照时数达 1 000 ~ 2 000 h，年降水量 600 ~ 1 300 mm 的地区，猕猴桃最易高产。

初春季节，当日平均气温上升至 10 °C 以上，猕猴桃开始进入发芽展叶期。该阶段要求有充足的热量和水分条件保障猕猴桃的正常生长，为后期提高开花量奠定基础。期间，日平均气温维持在 10 ~ 17 °C，活动积温在 500 ~ 900 °C，降水达到 50 mm 以上的气象环境条件最为适宜。

猕猴桃的开花期，需要适宜的温度和充足的日照，花期降水对授粉有很大的影响。期间，天气以晴朗为主，日平均气温在 18 ~ 20 °C，累积降水量为 10 ~ 25 mm，日照时数达 40 ~ 60 h，可保障猕猴桃的正常开花授粉，利于提高猕猴桃坐果率。

果实膨大期，是猕猴桃产量形成及产量提高的关键时期，该阶段需要有充足水分条件保障，以及适宜的温度与光照条件配合。期间，日平均气温维持在 20 ~ 26 °C，降水在 300 ~ 400 mm，雨日少于 25 d，日照达 300 ~ 400 h 的环境条件最为适合猕猴桃的果实膨大，有利于产量提高。

糖分转化期是猕猴桃形成优质果品的关键时期，充足的日照及较大的昼夜温差将有利于果实的糖分积累。期间，日平均气温 25 ~ 27 °C，气温日较差 9 ~ 11 °C，降水 130 ~ 230 mm，雨日数少于 15 d，日照 130 ~ 230 h 的环境条件最适宜猕猴桃的果实糖分转化，利于形成优质果品。

当日平均气温稳定下降至 10 °C 以下，猕猴桃开始落叶。落叶后，日最高气温下降至 12 °C 左右时，猕猴桃进入了冬季的休眠期。猕猴桃在冬季的休眠期一般为 20 ~ 30 d，期间的日平均气温低于 7 °C。

5.3.2 猕猴桃区划指标

以猕猴桃生产的优质、高产、高效为目的，采用影响猕猴桃生长、品质的年降雨量、年≥ 10 °C 积温、果实膨大至成熟期（5 ~ 8 月）的日照时数、果实糖分转化期（7 月下旬至 8 月中旬）的平均气温作为区划因子，划分出猕猴桃种植适宜区、次适宜区和不适宜区详见表 5.4。

表 5.4 猕猴桃气候区划指标

	果实糖分转化期（7月下旬至8月中旬）平均气温 /°C	年降雨量 /mm	果实膨大至成熟期（5 至 8 月）日照时数 /h	年≥ 10 °C 积温 /°C
适宜区	≥ 25	≥ 1 000	≥ 600	≥ 5 000
次适宜区	20 ~ 25	< 1 000	500 ~ 600	4 500 ~ 5 000
不适宜区	< 20	< 1 000	< 500	< 4 500

根据上述区划指标，利用旺苍县及周边气象站观测资料建立

各区划指标的小网格推算模型，利用 GIS 软件，得到每个区划因子的分布图，见图 5.4 和图 5.5（年降水量和年≥ 10 °C 的积温分布见第三章）。

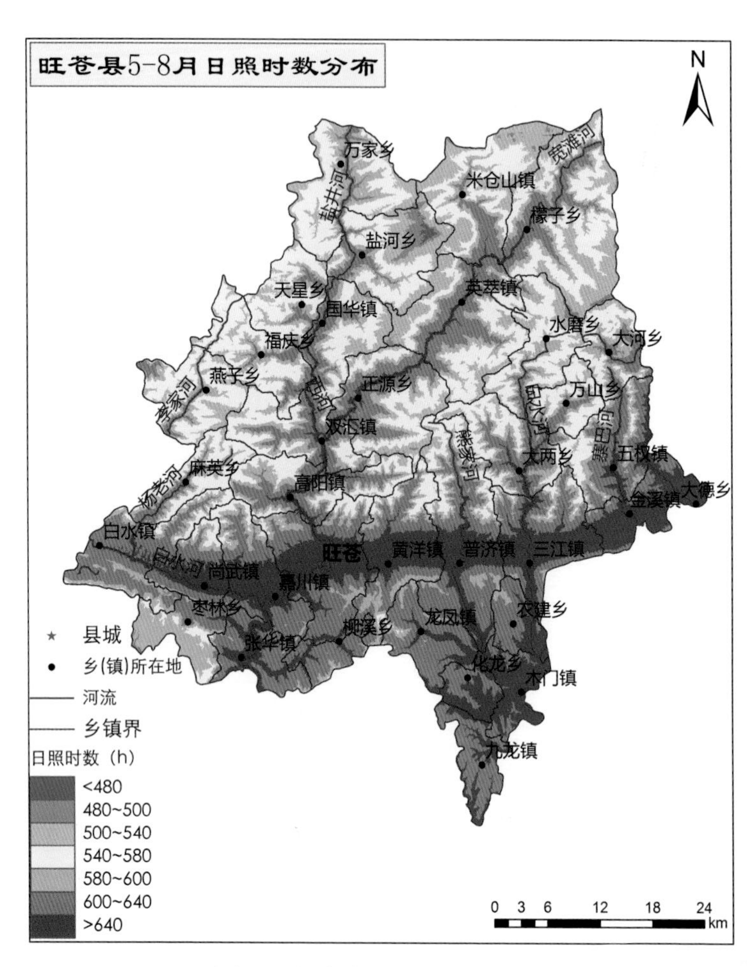

图 5.4　果实膨大至成熟日照时数

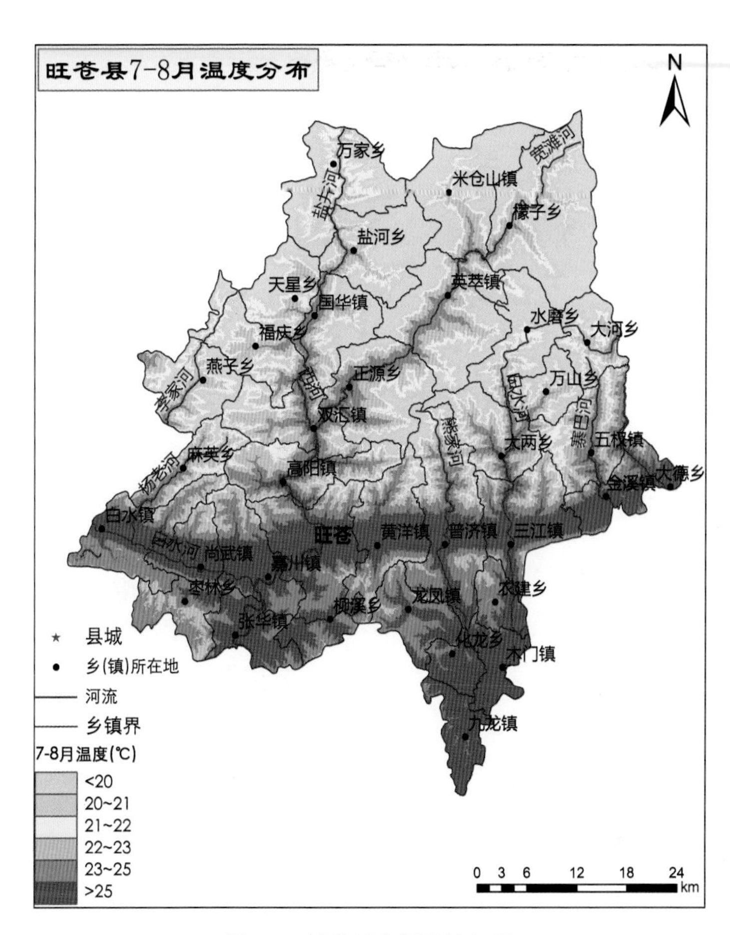

图 5.5　糖分转化期平均气温

果实膨大期至成熟期日照时数分布图（见图 5.4）显示出，旺苍县 5—8 月日照时数由南到北递减的趋势明显，北部各乡镇 5—8 月日照时数多在 500 h 以下，南部大部乡镇在猕猴桃果实膨大期至成熟期日照时数达到 600 h 以上，高阳镇、正源乡、英萃镇、国华镇、盐河乡、五权镇、万山乡等乡镇也有部分海拔较低的区域日照时数超过 600 h。

糖分转化期平均温度分布图（见图 5.5）呈现出南高北低的特点。除木门镇、九龙镇、化龙乡、大德乡、金溪镇、白水镇中部、尚武镇中部、嘉川镇大部、东河镇中部、黄洋镇中部、普济镇中部、三江镇中部等乡镇均温达到 25 °C 以上；米仓山镇、檬子乡、大河乡、盐河乡均温不足 20 °C，其余乡镇均温多在 20 ~ 25 °C。

5.3.3 区划结果及建议

1. 区划结果

根据上述得到的 4 个农业气候区划因子，利用专家打分法，得到旺苍县猕猴桃农业气候区划图，如图 5.6 所示，猕猴桃种植可以分为适宜区、次适宜区和不适宜区 3 个区。

适宜区：分布于旺苍县米仓山走廊一带及旺苍县南部区域，该区域内有充沛的日照，良好的热量条件和水分条件，能够充分满足猕猴桃各生育期的需求，是旺苍县内猕猴桃种植的适宜区。主要包括了白水镇中部、尚武镇中部、嘉川镇中部、东河镇中部、黄洋镇中部、普济镇中部、三江镇南部、大德乡东部、金溪镇大部、张华镇中部、木门镇大部、化龙乡大部，九龙镇局部、农建乡局部、龙凤镇局部、柳溪乡局部等区域等，米仓山走廊北侧沿河谷地区也有小面积带状分布。

次适宜区：旺苍县猕猴桃种植的次适宜区面积较小，米仓山走廊南部区域猕猴桃种植次适宜区与适宜区分布大致相似，呈条带状分布于最适宜区周围，包括了白水镇、尚武镇、嘉川镇、东河镇、黄洋镇、普济镇、三江镇、大德乡、金溪镇、张华镇、木门镇、化龙乡，九龙镇、农建镇、龙凤镇、柳溪乡等乡镇的局部地区。上述区域猕猴桃果实膨大期至成熟期光照条件及糖分转化期的热量条件都较好，但是水分条件和积温未达到最佳水平，整体农业气候条件能够满足猕猴桃的基本生长需求，为次适宜区。

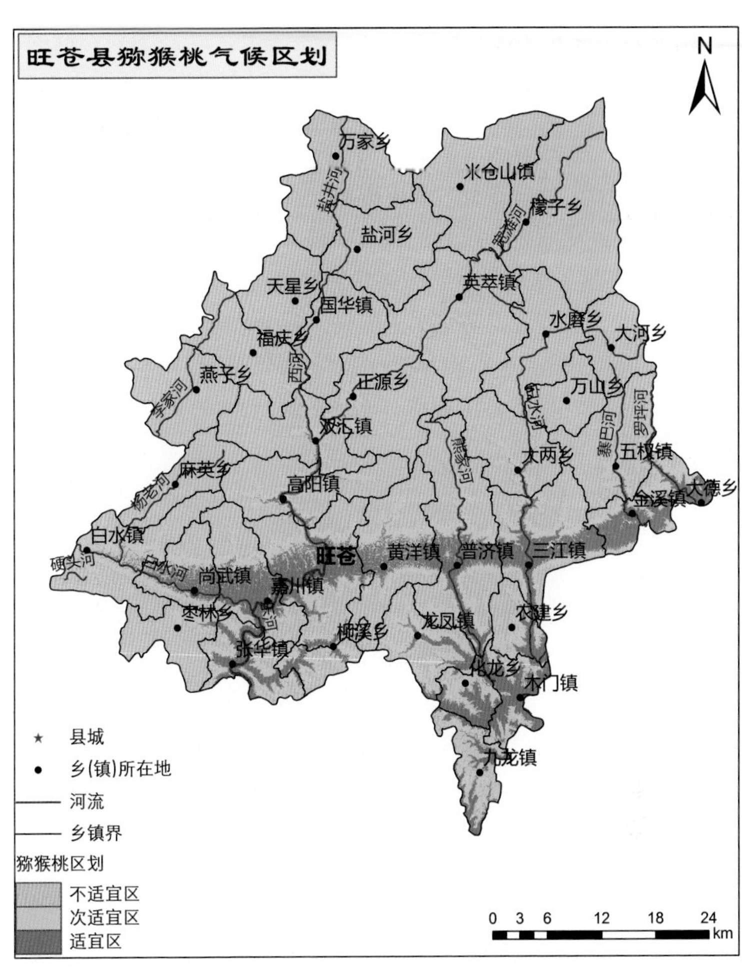

图 5.6　旺苍县猕猴桃种植精细化气候区划

不适宜区：该区域面积最广，涵盖了旺苍县的北部及中部的大部乡镇，以及南部的部分地方。南部部分地方（白水镇、枣林乡、白水镇南部、尚武镇南部、黄洋镇南部、普济镇南部、龙凤镇大部区域）由于海拔较低，年累积降水量不足 1 000 mm，水分条件不能

满足猕猴桃的生长需求；北部及中部大部地 方，由于海拔较高，年≥10 ℃积温在4 500 ℃以下，热量条件影响了猕猴桃的正常生长。

2. 对策建议

因地制宜，科学选址。政府需加大科普宣传力度、统筹规划，正确引导农民或业主在规划适宜区种植，提高猕猴桃产量和品质。

加强管理，提高产量。为种好猕猴桃，必须加强管理，从气候方面考虑，铺草可以防止水土流失，减少杂草生长，保蓄水分，稳定土壤温度，增加有机质和养分，对提高产量、品质有明显效果。根据猕猴桃对气候条件的要求，在实际生产中应注意做好抗旱、防寒、防霜、防风等工作。

6 农业示范区专题分析

柳溪乡梨花村、尚武镇石锣村和米仓山镇关口村为推动当地扶贫工作，增加集体产业造血能力，拟在当地开展经济林和作物的种植示范园项目。经综合选址，确定了 3 个扶贫村的种植示范园位置，具体见图 6.1。

示范园分别处在旺苍的不同地貌区，关口村位于北部的米仓山中山地貌区，石锣村位于中部谷地的平坝地貌区，梨花村处在南部低山地貌区。旺苍境内地势北高南低，腹部低平，南北两端气候特征有一定差异。经分析，关口村的年平均气温和作物生长积温都低于石锣村和梨花村，无霜期天数也少，但年日照时候较多，年降水量差别不大。具体气候特点如表 6.1 所示。

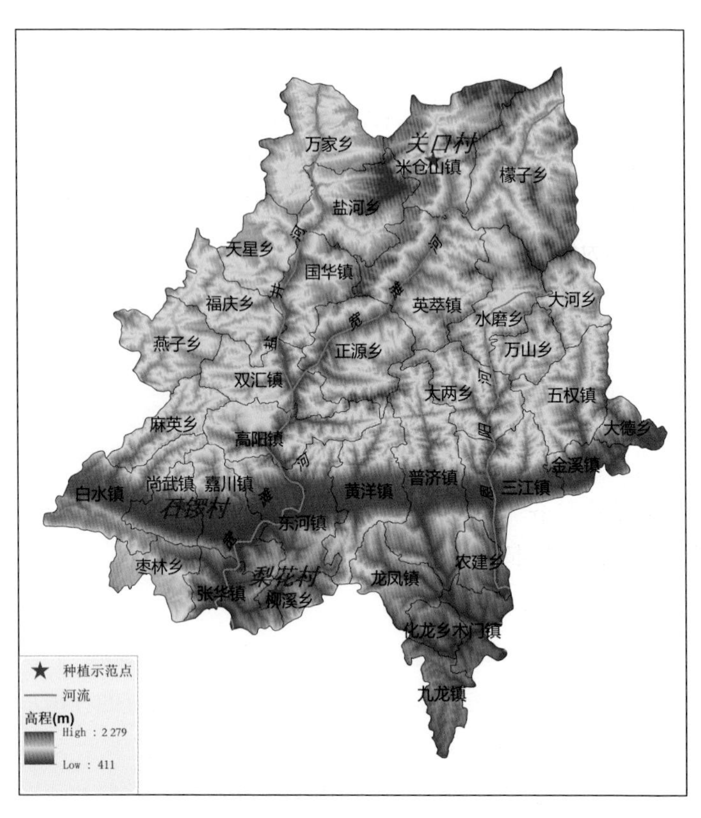

图 6.1　示范种植园所在位置示意图

表 6.1　示范种植地主要气候要素特征

	石镠村	梨花村	关口村
年平均气温 /°C	15.8	16.7	13.8
年降水量 /mm	1 153	1 157	1 074
平均最低气温 /°C	11.9	12.7	10.1
平均最高气温 /°C	20.7	21.4	18.6
年日照时数 / 小时	1 240	1 260	1 400
大于 10 °C 积温 /°C	4 927	5 284	4 124
大于 0 °C 积温 /°C	5 776	6 101	5 047
无霜期 /d	257	271	225

6.1 尚武镇石锣村农业蔬菜园

石锣村“订单农业”蔬菜园示范项目计划占地 0.96 公顷，其中大棚 0.33 公顷，拟采取日光温室方式种植秋葵、茼蒿和芦笋，蔬菜园产品销售渠道由旺苍县粮贸超市签订“农超对接”战略合作协议作为保障。

6.1.1 黄秋葵

黄秋葵是一年生草本植物，俗名羊角豆、潺茄，属短日照蔬菜，性喜温暖，耐热怕寒（不耐霜冻），耐旱，耐湿，对土壤适应性广，要求不严格，在排水良好的壤土上种植，生长良好，结果多。石锣村蔬菜园采取大棚种植，种植气候受季节影响不大。

1. 适宜性气象条件

（1）温度。

黄秋葵喜温暖、怕严寒，耐热力强。当气温 13 °C，地温 15 °C 左右，种子即可发芽。但种子发芽和生育期适温均为 25 ~ 30 °C。月均温低于 17 °C，即影响开花结果；夜温低于 14 °C，则生长缓慢，植株矮小，叶片狭窄，开花少，落花多。26 ~ 28 °C 开花多，坐果率高，果实发育快，产量高，品质好。

（2）水分。

黄秋葵耐旱、耐湿，但不耐涝。如果发芽期土壤湿度过大，易诱发幼苗立枯病。结果期干旱，植株长势差，品质劣，应始终保持土壤湿润。

（3）光照。

黄秋葵对光照条件尤为敏感，要求光照时间长，光照充足。应选择向阳地块，加强通风透气，注意合理密植，以免互相遮阴，影响通风透光。

2. 适宜性土壤条件

黄秋葵对土壤适应性较广，不择地力，但以土层深厚、疏松肥沃、排水良好的壤土或砂壤土较宜。播种前深耕 30 cm，施足基肥，肥料在生长前期以氮为主，中后期需磷钾肥较多。但氮肥过多，植株易徒长，开花结果延迟，坐果节位升高；氮肥不足，植株生长不良而影响开花坐果。

3. 土质分析

秋葵示范地采样土壤经分析检测结果如表 6.2 所示。

表 6.2　秋葵种植采用土样检测表

	pH	有机质/(g/kg)	全氮/(g/kg)	速效磷/(mg/kg)	碱解氮/(mg/kg)	速效钾/(mg/kg)
第一层	5.96	26.1	1.49	14.8	154	61
第二层	6.70	19.7	1.18	21	117	85
第三层	6.89	14.9	0.89	5.9	96	71
平均	6.5	20.2	1.19	14.0	122	72

据全国第二次土壤普查的土壤 pH 值分级和养分评价分级指标（见表 6.3 和表 6.4），秋葵拟建种植园基本为中性土壤，速效钾含量等级不高，碱解氮较丰富，速效磷养分中等。种植期间注意肥料，尤其是钾肥的管护。

表 6.3　pH 值分级

分级	强酸	酸	弱酸	中性	弱碱	碱	强碱
pH 值	<4.5	4.5 ~ 5.5	5.5 ~ 6.5	6.5 ~ 7.5	7.5 ~ 8.5	8.5 ~ 9.0	>9.0

表 6.4 土壤养分分级标准

级别	有机质 /%	速效钾 /（mg/kg）	碱解氮 /（mg/kg）	速效磷 /（mg/kg）
1	＞4	＞200	＞150	＞40
2	3 ~ 4	150 ~ 200	120 ~ 150	20 ~ 40
3	2 ~ 3	100 ~ 149	90 ~ 119	10 ~ 20
4	1 ~ 2	50 ~ 99	60 ~ 89	5 ~ 10
5	0.6 ~ 1	30 ~ 49	30 ~ 59	3 ~ 5
6	＜0.6	＜30	＜30	＜3

4. 对策建议

黄秋葵根系发达，入土深，宜选择耕作层深厚、土质肥沃、受光良好、排灌方便的壤土或黏壤土地块，多雨地区宜将地做成 1.2 m 宽的高畦，畦间开排水沟 40 cm。

为提高土地的利用率，可与其他生育期短的蔬菜和农作物间作、套作。需注意黄秋葵是喜光性作物，栽培不宜过密。黄秋葵为短日照植物，耐热力强，喜强光，故需选择通风向阳、光照充足的地段；种植地需地下水位低，排水良好；不宜重茬，忌酸性土，示范园属于中性土壤，适宜种植。

黄秋葵虽属耐旱、耐湿植物，但又必须防旱、除渍，要注意保持土壤湿润，特别是采收盛期及高温干旱时，如发现旱情，一定要及时浇透水，以提高嫩果产量和品质；苗期怕渍水，要注意防涝，特别是雨季，更要清沟排水，使其在全生育期内，既不受渍、也不受旱，始终健壮，不致早衰。

黄秋葵是异花授粉作物，留种地要建立安全隔离区。

6.1.2 茼　蒿

茼蒿属菊科，又称同蒿、蓬蒿、蒿菜、菊花菜、塘蒿、蒿子秆、蒿子、蓬花菜、桐花菜。茼蒿属于半耐寒性蔬菜，对光照要求不严，一般以较弱光照为好。茼蒿又属短日照蔬菜，在冷凉温和，土壤相对湿度保持在 70% ~ 80% 的环境下，有利其生长。在长日照条件下，营养生长不能充分发展，很快进入生殖生长而开花结籽。

1. 适宜性气象条件

（1）气温。

茼蒿属半耐寒性，喜欢冷凉润湿气候，生长适温为 18 ~ 20 °C，在 29 °C 以上时生长不良，12 °C 以下时生长缓慢，可耐短时间 0 °C 左右的低温，在大棚内不需通风或少通风，以增温保湿为主。出苗前白天最高温度控制在 25 ~ 30 °C；出苗后白天要及时通风，前期将温度控制在 20 ~ 25 °C。

（2）水分。

土壤水分含量的提高可以显著增加茼蒿株高，但产量、氮含量、叶绿素含量和硝酸还原酶活性会随水分增高呈先增高后降低的特点。

（3）光照。

茼蒿对光照要求不严格，较耐弱光。实验表明，小叶茼蒿在光照强度为 70% 时产量较高，蔗糖含量、还原糖含量、维生素 C 含量、可溶性蛋白质含量相对较高，硝酸盐含量较低，硝酸还原酶含量、叶绿素含量以及根系活力也相对较高。

2. 适宜性土壤条件

茼蒿富集重金属能力很强，可用于修复被 Pb、Cd、Pb － Cd 复合污染的土壤。在种植时应注意土壤的清洁性。

3. 示范园土质分析

茼蒿示范地采样土壤经分析检测结果如表 6.5 所示。

表 6.5　茼蒿样地土壤检测结果

项目	pH	有机质/%	全氮/（g/kg）	速效磷/（mg/kg）	碱解氮/（mg/kg）	速效钾/（mg/kg）
茼蒿	6.70	2.0	1.18	21	117	85

据全国土壤 pH 值分级和养分评价分级指标：茼蒿拟建种植园基本为中性土壤，速效钾含量等级不高，碱解氮较丰富，速效磷养分中等。种植期间注意肥料尤其是钾肥的管护。

4. 对策建议

温度：茼蒿生长适温 17 ~ 20 °C，早春播种天气还比较冷凉，并伴有倒春寒现象，因此播种后需要在畦面上覆盖地膜或旧棚膜，四周用土压实，防寒保温，待天气转暖，幼苗出土顶膜前揭开薄膜。保护地种植超过 25 °C 时要打开通风或放风。播种后温度可稍高些，白天 20 ~ 25 °C，夜间 15 ~ 20 °C，4 ~ 5 天（催芽）或 6 ~ 7 天（干籽）出苗。出苗后棚内温度：白天控制在 15 ~ 20 °C，夜间控制在 8 ~ 10 °C。注意防止高温，温度超过 28 °C 要通风降温，超过 30 °C 对生长不利，光合作用降低或停止，生长受到影响，导致叶片瘦小、纤维增多、品质下降。最低温度要控制在 12 °C 以上，低于此温度要注意防寒，增加防寒设施，以免受冻害或冻死。

水分：播种后要保持地面湿润，以利出苗。出苗后一般不浇水，促进根系下扎。湿度大、温度低易发生猝倒病。出苗以后要适当控水，6 ~ 8 片叶以后加强管理，温度控制在 18 ~ 22 °C，保持土壤湿润，促进生长。小苗长出 8 ~ 10 片叶时，选择晴暖天气浇水 1 次，结合浇水施肥 1 次，注意每次都要选择晴天进行，水量不能过大，相对湿度控制在 95% 以下。湿度大时，要选晴天温度较高的中午通风排湿，防止病害的发生。

茼蒿病虫害主要从农业防治入手，要合理施肥浇水，避免忽大忽小。温度管理不忽高忽低，创造良好的生态环境，促进植株健康生长，减少病虫危害和农药施用，维护生态平衡。

6.1.3 芦 笋

1. 适宜性气象条件

（1）气温。

芦笋喜光耐寒旱，地下部在 − 8 °C 时不会受冻，种子发芽的最适温度为 25 ~ 30 °C，春季播种时应在 25 ~ 30 °C 下保湿催芽，当气温 ≥ 5 °C 时嫩茎开始生长，气温 11 ~ 20 °C 时最适宜光合作用，在 15 ~ 20 °C 嫩茎生长最健壮，生长的最高气温为 35 ~ 37 °C。

（2）水分。

芦笋的耐旱能力较强，有庞大的根系，贮藏根内含有大量水分，少量根能深入地下 2 m 含水量较多的土层内，遇旱时能自行调节。芦笋生长最适宜的土壤湿度为 60% ~ 80%。但由于芦笋吸收根不发达，吸水能力弱，若遇干旱，就会萎缩，将导致生长缓慢、嫩茎变细、纤维增加、苦味加重、品质变劣，造成减产。土壤湿度过大、雨后积水，易使土壤氧气不足，造成根系腐烂，导致植株死亡。

（3）光照。

芦笋是喜光作物，要求光照充足，才能生育健壮。地上部茎叶生长期需要有充足的光照，以利于同化产物的制造和积累。光照多、光合条件好、养分利用多、植株生长发育健壮、同化产物高，

利于增产。光照不足会影响芦笋的生长发育，阴天光照少、光合作用条件差、养分利用少、植株生长发育弱、同化产物低，影响产量。

2. 适宜性土壤条件

对土壤酸碱度较敏感，pH 6.5 ~ 7.5 最为适宜。适宜的土壤湿度是 30% ~ 40%，忌较长时间涝旱，冲积土为佳。

3. 蔬菜示范园土质分析

芦笋示范地采样土壤经分析检测结果见表 6.6。

表 6.6　芦笋样地土壤检测结果

项目	pH	有机质 /%	全氮 /（g/kg）	速效磷 /（mg/kg）	碱解氮 /（mg/kg）	速效钾 /（mg/kg）
芦笋	5.96	2.6	1.49	14.8	154	61

据全国土壤 pH 值分级和养分评价分级指标：芦笋拟建种植园基本为弱酸性土壤，速效钾含量等级 4 级，碱解氮为 1 级，速效磷养分为 3 级。土壤养分条件良，种植期间注意肥料管护，尤其是钾磷肥的及时跟进。

4. 对策建议

芦笋对温度的适应范围比较广，种子发芽的适宜温度为 25 ~ 30 °C，营养生长的最佳温度为 20 ~ 30 °C。15 °C 以下生长缓慢，嫩茎发生少；30 °C 以上嫩茎外皮容易纤维化，笋尖易撒开，品质低劣；35 °C 以上停止生长。大棚种植时需在温度超过 25 °C 以上时打开薄膜通风。

另外芦笋是喜欢阳光的植物，要求强光照，日照充足，枝繁

叶茂，光合作用与温度有密切关系。当然高温季节对芦笋生长是不利的，长期阴雨对芦笋产量也有影响。

6.1.4 总 结

石锣村蔬菜种植为大棚方式，生产不受天气限制，各生育期的气候条件可通过生产管理进行调控，种植技术和生产管理是石锣村蔬菜种植的最关键因素，生产期间注意各土壤养分的给予。

6.2 梨花乡梨花村果树示范园

6.2.1 翠冠梨

1. 适宜性气象条件

（1）气温。

温度是影响翠冠梨分布和栽培的主要因素之一，适宜年平均气温为 15 ~ 23 °C，最适生长气温为 16 ~ 27 °C。开花要求 10 °C 以上的气温，14 ~ 15 °C 最适宜，15 °C 以上的气温持续 5 d 即可完成开花。萌芽要求温度 15 °C 以上，枝叶生长最适宜温度为 18 ~ 25 °C，5 °C 以下或 35 °C 以上树体易受伤害。1 月平均气温要求 0 ~ 8 °C，7 月平均气温要求 28 °C 左右。

（2）水分。

以年雨量 1 000 mm 左右较宜，5—8 月累计降水量 600 ~ 800 mm，降水要占全年的 60% ~ 70%，日照 600 h 以上。尤其是 7—9 月高温干旱时正处于果实膨大中期后期不能缺水，旬雨量至少要 30 ~ 50 mm；采收前一个月天气以晴好少雨为宜，有

利于糖分积累，提高果实的甜度。梨树适宜的土壤湿度为田间持水量 60% ~ 80%，适宜的空气湿度为 60% ~ 80%。

（3）光照。

梨树喜光，要求年日照时数 1 200 h 以上，光照不足会造成生长过旺，表现徒长，影响花芽分化和果实发育；如严重不足，生长逐渐衰弱，最后导致死亡。

2. 适宜性土壤条件

翠冠梨适应性强，各类土壤均能种植，但最宜选择土壤疏松，土层深厚、灌排方便、地下水位低、肥力高的缓坡地种植。南坡好于北坡。翠冠梨抗寒、抗旱、抗涝性较好，但对肥水条件要求较高，否则易造成树势衰弱。

6.2.2 脆红李

1. 适宜性气象条件

适宜的气候是：年平均温度 13 ~ 17 °C，冬季极端最低温度 − 15 °C 以上，年平均降水量 700 ~ 900 mm，常年风速不超过 7 级，光照充足。脆红李是喜温作物，对热量要求很高。热量丰富，昼夜温差大有利于糖分的积累。

2. 适宜性土壤条件

李树对土壤要求不十分严格，适宜栽植在土层较厚（1 m 以上）、土壤疏松肥沃、土壤酸碱度 pH 值 6.5 ~ 7.5、排水良好、有水浇条件的砂壤土。但李树的根系分布浅，适宜在保肥、保水力强的壤土和砂壤土中栽植。土壤的理化性质对李树的生长和结果影响很大。最理想的是砂壤土和壤土，其通气排水良好，有利于根系的生长和扩展。砂石过多的土壤，土壤肥力低，保水、保肥性能差，对植株地上与地下部生长都不利。过于黏重的土壤，

通透性差，会抑制根系的伸长和呼吸，还易引起流胶病等病害。

6.2.3 示范园土质分析

采集梨花村果树种植示范点和苍溪县种植园的土壤经采样分析检测结果见表 6.7。

表 6.7 梨花村果树试验园土样检测结果

地点	pH	有机质/%	全氮/(g/kg)	速效磷/(mg/kg)	碱解氮/(mg/kg)	速效钾/(mg/kg)
梨花村五社	8.20	1.6	1.13	11.0	100	227
梨花村四社	7.04	1.9	1.25	10.3	125	67
梨花村七社	6.99	1.8	1.23	5.5	127	57
苍溪梨研究所种植园	7.96	2.0	1.33	65.6	125	137
苍溪县亭子镇大青村	8.12	2.7	1.68	5.5	135	58

按照全国土壤 pH 值分级和养分评价分级指标：梨花村五社采样点土壤显示弱碱性，速效磷和碱解氮为三等，钾含量丰富；梨花村四社土壤中性，速效磷三级，碱解氮二级，钾含量四级；梨花村七社土壤中性，速效磷四级，碱解氮二级，钾含量四级。对比苍溪梨研究所和亭子镇大青村种植基地的土壤，除土壤 pH 值、土壤有机质和磷含量低外，其余养分条件基本相当。

6.2.4 总 结

影响翠冠梨正常生长发育的因子很多，一般以下 5 个气候因

子对其分布和产量、品质的形成影响最大：① 年平均气温（反映热量条件）；② 1 月平均气温（反映了低温休眠的越冬条件）；③ 年日平均气温 < 10 °C 的天数（反映生长期的长短）；④ 年日照时数（影响梨树体势、花芽分化、果实外观等）；⑤ 6—8 月气温日较差（影响果实品质）。梨花村年平均气温 19.7 °C，降水量充沛，光照充足，适宜翠冠梨叶、芽、花、果的生长，有利于果实膨大，提高产量和品质。梨花村地处旺苍县南部地区，1 月平均最低气温 1.5 °C，冬无严寒，小于 10 °C 的天数 110 天，低温越冬条件较好。年日照时数 1 300 多小时，4—7 月温度适宜且日照充足，有利于梨树实发育。

翠冠梨生长发育对水分要求严格。怕积水，怕干旱。果实迅速膨大期和成熟前如果雨水过多容易裂果。建园时注意开沟起垄，降低地下水位，做到能排能灌。初夏或盛夏，雨水较多时，要注意排水放涝；盛夏高温季节，通过地面覆盖、灌水等手段调节水分。夏秋季可适时进行树盘覆盖，防旱保水，增加土壤湿度，防止裂果。秋冬季易发生干旱，应适度灌水，防止因干旱引起“二次开花”。

脆红李对气候有较强的适应能力，耐旱，耐寒、耐高温。年降水量要求 900 ~ 1 350 mm，年日照时数在 1 000 ~ 1 200 h 为宜。在果实膨大至成熟期，雨水过多时更要注意排湿，以防裂果。在适度偏旱的情况下果实品质更优。脆红李应种植在微酸至中性的土壤上，要求土层深厚且有一定肥力。若种植在碱性土壤和山坡薄地上，应加强土壤改良。

脆红李虽然抗旱，但要达到高产，必须有充足的水分供应。花期不宜灌水，否则会引起落花落果。正常年只需浇一次水，即：秋施基肥后浇水（特别是沟施）沉实。如遇干旱年份，可灌花前水、花后水、果实膨大水等。脆红李树耐旱不抗涝，如遇大雨要

及时排水，保持园内不积水。应该注意脆红李树不能种植在刚栽过李树或无花果树的地方。否则将严重影响脆红李的生长发育和产量，缩短脆红李树的寿命。建园时应选地势高燥、向阳、背风、南坡、土层深厚、土壤肥沃、疏松透气、地下水位低，以前未种植李树或种植后间隔 5 年以上，交通方便的砂壤土。脆红李应种植在微酸至中性的土壤上，采样点中梨花村四社和梨花村七社能够满足脆红李对土壤的要求，其余采样点如需种植，需进行土壤改良。

6.3 米仓山镇关口村车厘子示范园

四川省车厘子（大樱桃）栽培最早是从汉源县开始的。发展到现在，四川省内大规模种植车厘子集中在汶川茂县和汉源两个地方，汉源由于气候原因，每年车厘子都早于汶川至少半个月左右上市，两地的车厘子品质都较好。省内其他地区偶有零星种植，但尚未形成规模。关口村车厘子示范种植可为当地经济作物产业发展奠定试验性基础。

6.3.1 适宜性气象条件

（1）气温。

据资料，四川省车厘子的栽培生长适宜区多在海拔高度 1 300 ~ 2 100 m，年平均气温 10 ~ 15 °C，≥ 10 °C 年有效积温超过 3 000 °C，年平均日照时数超过 1 600 h。既可满足车厘子需冷量，又能避免发生低温冻害。

（2）水分。

适宜车厘子生长的年降雨量，一般在 700 ~ 1 000 mm。在

建园时应充分考虑如何解决“春旱”问题，因为在果实生长初期干旱会引起严重落果和影响果实生长发育。

车厘子对水分状况很敏感，既不抗旱，也不耐涝。车厘子和其他核果类一样，根系要求较高的氧气，如果土壤水分过多，氧气不足，将影响根系的正常呼吸，树体不能正常地生长和发育，引起烂根、流胶，严重将导致树体死亡。如果雨水大而没及时排涝，车厘子树浸在水中 2 天，叶子即萎蔫，但不脱落，如果叶子萎蔫不能恢复甚至引起全树死亡。

（3）光照。

车厘子为喜光树种，中国车厘子较耐阴。光照条件好时，树体健壮，果枝寿命长，花芽充实，坐果率高，果实成熟早、着色好、糖度高、酸味少。光照条件差时，树体易徒长，树冠内枝条衰弱，结果枝寿命短，结果部位外移，花芽发育不良，坐果率低，果实着色差、成熟晚、质量差。因此建园时要选择阳坡、半阳坡，栽植密度不宜过大，枝条要开张角度，保证树冠内部的光照条件，达到通风透光。

（4）旺苍县关口村与汶川、汉源的气候要素对比。

阿坝藏族羌族自治州的车厘子栽培区是四川省的优质生产区和高效栽培区。种植区域年平均气温 8.6 ~ 12.7 °C，5 月份（果实成熟期）平均气温达 20 °C 以上，≥ 10 °C 的积温在 3 000 °C 以上，年降雨量 492.7 ~ 833 mm，能满足车厘子生长发育的需冷量、热量以及水分需求。

汉源县大樱桃多栽培在海拔 1 665 ~ 2 000 m，年降水量 600 mm 左右。汉源由于气候原因车厘子每年都早于汶川至少半个月左右上市。

表 6. 8 为关口村与旺苍、汉源和汶川气象台站的主要气候要素对比。

表 6.8 关口村、旺苍、汉源和汶川主要气候要素

	年平均气温 /°C	年降水量 /mm	大于 0 °C 积温 /°C	大于 10 °C 积温 /°C	日照时数 /h
旺苍关口村	13.8	1 074	5 047	4 024	1 400
旺苍	17.9	1 157	6 003.2	5 200.1	1 236.8
汶川	16.4	492	5 158.5	4 288.9	1 467.3
汉源	21.1	756	6 498.5	5 770.6	1 334.6

对比结果显示，关口村大于 0 °C 和 10 °C 积温较其他地区较低，其他热量要素基本相当；降水量比汶川、汉源丰富很多，充沛降水对车厘子种植可能会有显著影响，示范园布局上，应该选取小气候环境适宜区种植，并同时注意修建排灌设施。

气温日较差影响果品的甜度和品质，表 6.9 为旺苍、汶川和汉源气温日较差对比，对比结果显示旺苍各月的气温日较差与汶川、汉源两地相差不大。

表 6.9 旺苍、汶川和汉源气温日较差

°C

	旺苍	汶川	汉源
1 月	7.3	8.4	7.9
2 月	7.5	8.6	8.7
3 月	8.7	9.6	10
4 月	10	10.5	10.8
5 月	10.2	10.3	9.8
6 月	9.3	9.6	8.5
7 月	8.8	9.7	9.2
8 月	9.1	9.7	9.2
9 月	7.7	8.2	7.9
10 月	7.4	7.7	6.8
11 月	7.7	8.5	7.4
12 月	6.8	8.7	7.5

6.3.2　车厘子的适宜性土壤条件

车厘子适宜在土层深厚、土质疏松、透气性好、保水力较强的砂壤十或砾质壤土上栽培。在土质黏重的土壤中栽培时，根系分布浅、不抗旱、不耐涝也不抗风。车厘子树对盐渍化的程度反应很敏感，适宜的土壤 pH 值为 5.6 ~ 7.5，因此盐碱地区不宜种植车厘子。中国车厘子根的垂直分布，一般多集中在 20 cm 左右深的土层中，要求土质疏松，排灌条件良好，重黏土不适宜种车厘子。

6.3.3　示范园土质分析

采集关口村两个备选场地、汶川车厘子规模种植园、汉源脆红李和车厘子套种种植园土壤，分析检测结果如表 6.10 所示。

表 6.10　车厘子拟建示范园和汉源、汶川规模种植园土样检测结果

地点	pH	有机质 /%	全氮 /(g/kg)	速效磷 /(mg/kg)	碱解氮 /(mg/kg)	速效钾 /(mg/kg)
关口村 A1	6.44	2.17	1.27	10.9	119	90
关口村 B1	7.96	2.47	1.31	17.3	142	74
汶川雁门乡	8.46	2.93	2.0	4.1	125	63
汉源双溪乡	5.8	2.8	1.51	7.6	172	710

按照全国土壤 pH 值分级和养分评价分级指标：关口村 B1 样地土壤显示弱碱性，速效磷为三等，碱解氮为二等，钾含量四级；关口村 A1 样地土壤中性，速效磷三级，碱解氮三级，钾含量四级。与汶川和汉源两地的土质相比，养分条件基本相当。

6.3.4 区划结果及对策建议

1. 区划结果

除降水外，樱桃栽培区年平均温度和 1 月份平均温度是四川省境内种植的主要限制因子。参考相关研究成果，采用影响车厘子生长、品质的年平均气温、年降雨量和1月平均气温为区划因子，划分出适宜区、次适宜区和不适宜区，详见表 6.11。

表 6.11 车厘子气候适应性区划

	年平均气温 /°C	1 月平均气温 /°C	年降水量 /mm
适宜区	9 ~ 15	< 5.5	400 ~ 900
次适宜区	15 ~ 17	5.5 ~ 7	
不适宜区	> 17	> 7	

区划结果表明，旺苍全域车厘子适种区集中在北部米仓山镇、万家乡、檬子乡、盐河乡、天星乡、福庆乡和英萃镇等地区的山区零星区域（见图 6.2），其中，米仓山镇关口村存在部分适合种植的区域。

从气候条件看，关口村年平均温度、大于 0 °C 积温和 10 °C 积温等热量条件都不及汶川和汉源，但也满足车厘子种植的温度；降水过于充沛可能是影响关口村车厘子种植的主要要素。

2. 对策建议

中国多数车厘子品种抗寒力弱，休眠期较短，在冬末早春气温回暖时易萌发，若遇“倒春寒”（霜或雪），会使花器官受冻，严重影响产量，甚至颗粒无收。因此种植中一定要注意当地每年春季低温寒潮侵袭的时间是否与花期重合，在建园时也要选择地势高燥、排水便利的砂质土壤。樱桃对水分状况很敏感，如果土

壤水分过多，氧气不足，将影响根系的正常呼吸，树体不能正常地生长和发育，引起烂根、流胶，严重将导致树体死亡。旺苍县降水较汶川、汉源两地为多，果园需注意排涝。樱桃是喜光树种，尤其是甜樱桃，因此建园时要选择阳坡、半阳坡，栽植密度不宜过大，枝条要开张角度，保证树冠内部的光照条件，达到通风透光。

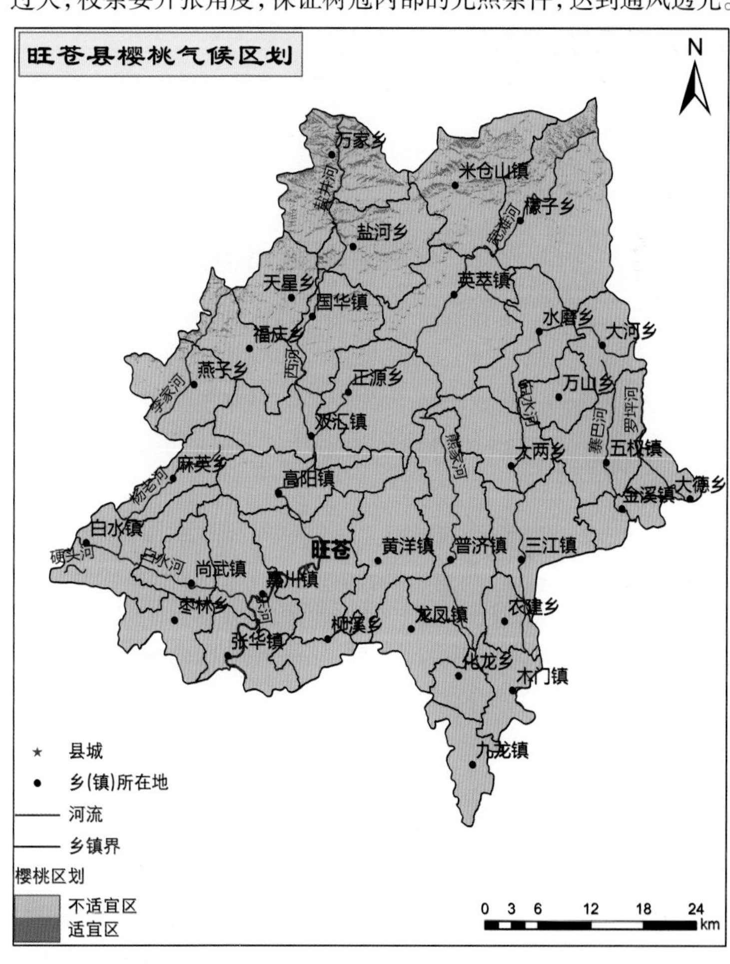

图 6.2　旺苍县车厘子气候适宜性区划

7　气象灾害风险区划

7.1　中小河流洪水灾害

7.1.1　分布特点

旺苍县境内大多数河流处于川中暴雨洪水多发区，且部分河流河床汊道多，横流冲刷淘蚀严重。中下游河道萎缩淤塞严重，防洪标准明显偏低。河流沿岸防洪设施减少，每遇洪水将严重威胁沿河居民生命财产安全。

7.1.2　评估方法

水文模型作为模拟水文系统的重要工具，经过几十年的快速发展，已形成数以百计不同尺度、不同结构的模型。根据研究目的和流域特征，本书选用 HBV 水文模型的一个改进版本 HBV -

D 水文模型，该模型应用简便，只需将模型要求的数据输入，运行模型就可以实现径流模拟。

（1）收集气象、水文、地理信息、社会经济统计以及历史灾情数据，建立暴雨洪涝灾害风险数据库，根据 DEM、水系以及水文站断面信息，提取流域边界。

（2）采用水文模型（以 HBV 模型为主）计算降水—径流关系，考虑断面水位，并结合统计法确定致灾临界（面）雨量。

（3）利用国家站历史长序列小时雨量资料，结合致灾临界（面）雨量以及历史暴雨洪涝灾情，建立致洪面雨量序列。

（4）计算多种概率分布函数，确定本流域最优的密度函数（如 P－Ⅲ、Gumbell 等）。由最优分布函数，计算出不同重现期（*T* 年一遇）致洪面雨量。

（5）根据致洪面雨量序列以及逐小时降水资料，计算逐小时降水概率，确定流域内小时降水雨型分布。

（6）将计算得到的不同重现期致洪面雨量、小时雨型分布、DEM、Manning 系数等数据输入到水动力模型进行淹没模拟，得到不同重现期下的洪水淹没范围和水深。

（7）将不同重现期下（5、10、15、20、30、50、100 年一遇）暴雨洪涝淹没结果分别与流域内的人口、地区生产总值以及土地利用信息叠加，得到不同重现期下人口、地区生产总值以及不同土地利用类型等风险区划图谱，并根据栅格值得到不同重现期下不同淹没深度的定量化影响范围表。

7.1.3　评估结果

旺苍县全境分属宽滩河、巴河及恩阳河三条中小河流流域，将得到的旺苍境内中小河流流域七个重现期（5 年一遇、10 年一遇、15 年一遇、20 年一遇、30 年一遇、50 年一遇、100 年一遇）

致洪面雨量、小时雨型分布、叠加堤坝信息的数字高程数据、manning 系数等数据带入 FloodArea 模型进行洪水淹没模拟，得到不同重现期下洪水淹没图，如图 7.1 所示。

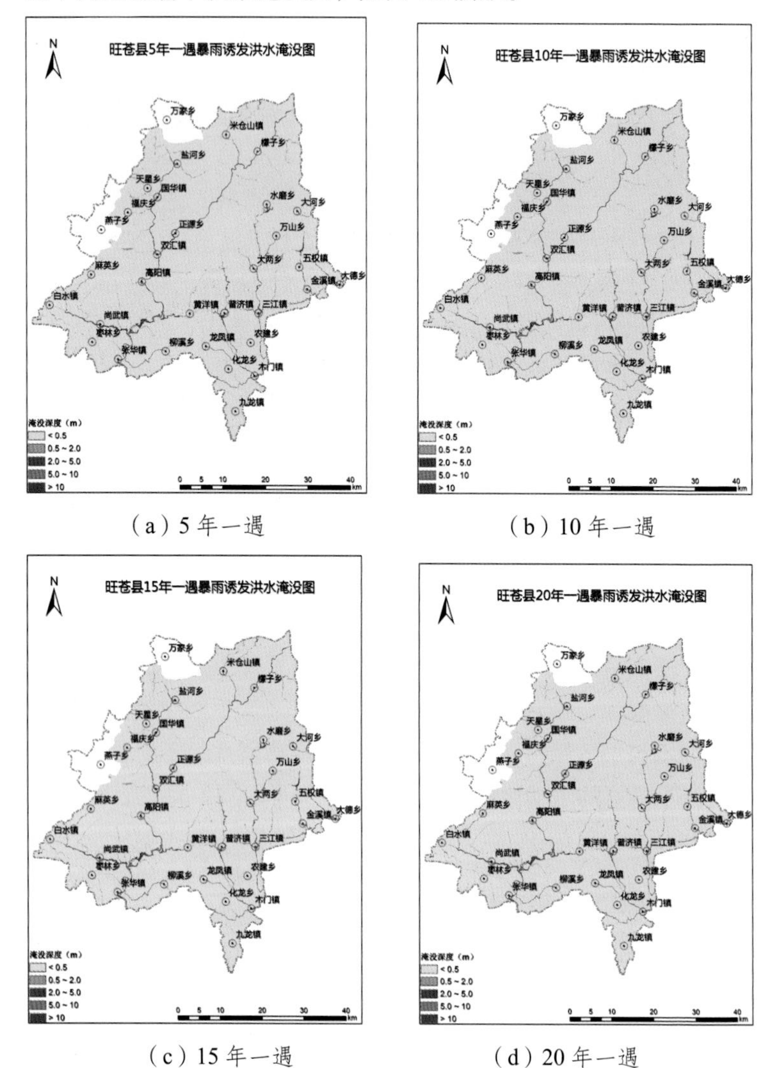

（a）5 年一遇

（b）10 年一遇

（c）15 年一遇

（d）20 年一遇

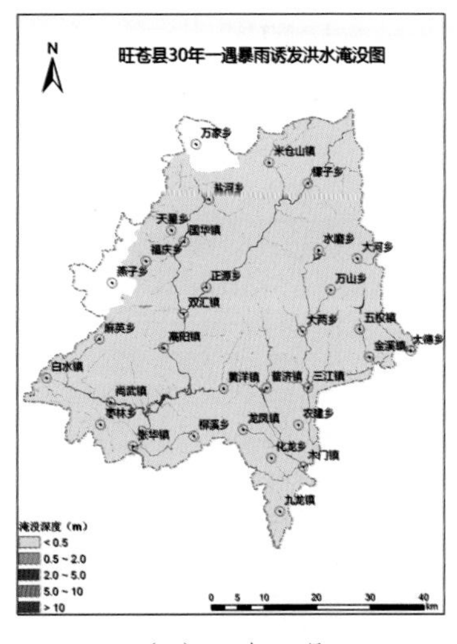

（e）30 年一遇

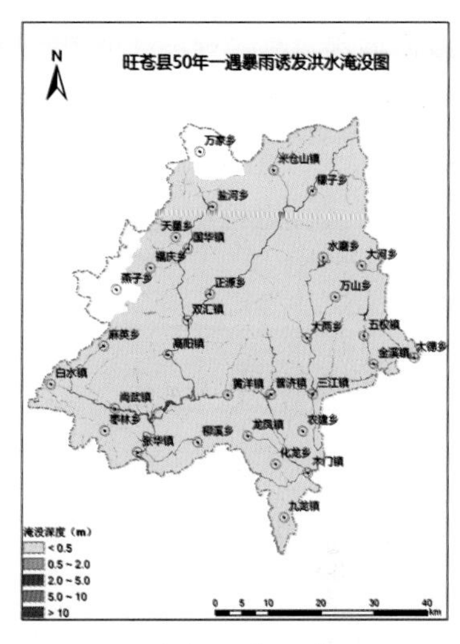

（f）50 年一遇

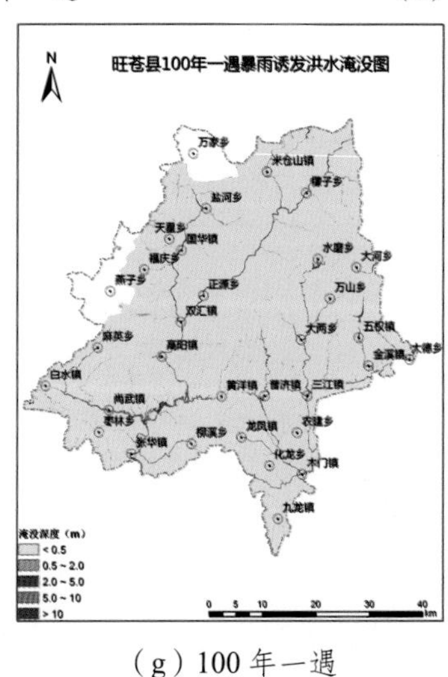

（g）100 年一遇

图 7.1　旺苍县不同重现期暴雨淹没模拟结果

基于不同时相洪水演进模拟结果，与社会经济数据相结合，进行叠加运算，可识别不同时相洪水对承灾体的影响程度，计算淹没风险，评估灾损率（旺苍县不同重现期下淹没面积见表 7.1）。

表 7.1　旺苍县不同重现期下淹没面积　　　m^2

重现期	< 0.2 m	0.2 m ~ 0.6 m	0.6 m ~ 1.2 m	1.2 m ~ 10.0 m	> 10.0 m
5 年一遇	2 694 332 700	24 119 100	14 470 200	53 749 800	8 788 500
10 年一遇	2 690 492 400	24 427 800	14 956 200	54 899 100	11 151 000
15 年一遇	2 688 870 600	24 248 700	15 066 000	55 315 800	12 425 400
20 年一遇	2 687 853 600	24 247 800	15 038 100	55 366 200	13 420 800
30 年一遇	2 685 666 600	24 249 600	14 970 600	55 899 000	15 140 700
50 年一遇	2 683 636 200	24 273 000	14 954 400	56 129 400	16 931 700
100 年一遇	2 680 910 100	24 474 600	14 589 000	56 493 000	19 458 900

将旺苍县不同重现期下洪涝淹没模拟结果分别叠加县境内的地区生产总值、人口以及土地利用信息，得到不同重现期下地区生产总值、人口以及土地利用等风险区划图谱。

旺苍县不同重现期暴雨淹没模拟结果叠加地区生产总值数据如图 7.2 所示。旺苍县境内地均地区生产总值高值区集中于米仓山走廊南侧，东河镇、尚武镇、嘉川镇一带及东侧的三江镇、金溪镇一线。以上区域位于河谷地带，在暴雨影响下易发生河岸漫顶，形成内涝；同时交通枢纽也位于这一区域，人口流动性较大，受暴雨洪涝影响较为明显，一旦出现水浸将导致交通堵塞，应加强暴雨灾害预警服务和洪涝灾害防御工程的建设。

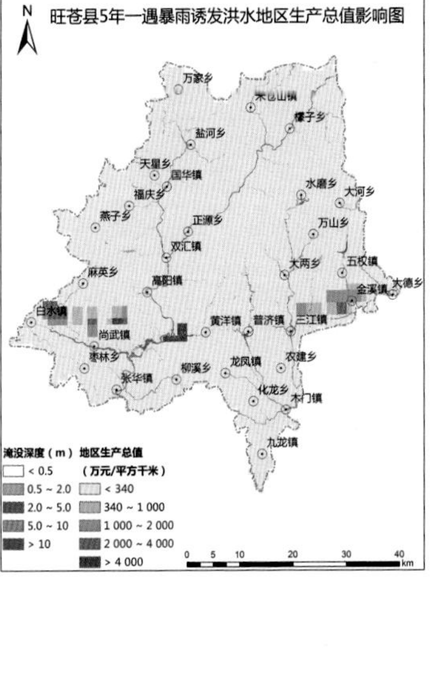

N
旺苍县5年一遇暴雨诱发洪水地区生产总值影响图
万家乡
米仓山镇
檬子乡
盐河乡
天星乡
国华镇
福庆乡
燕子乡
正源乡
水磨乡
大河乡
万山乡
双汇镇
大两乡
五权镇
麻英乡
高阳镇
金溪镇
大德乡
白水镇
尚武镇
黄洋镇
普济镇
三江镇
枣林乡
龙凤镇
农建乡
张华镇
柳溪乡
化龙乡
木门镇
九龙镇
淹没深度（m）
< 0.5
0.5 ~ 2.0
2.0 ~ 5.0
5.0 ~ 10
> 10
地区生产总值
（万元/平方千米）
< 340
340 ~ 1 000
1 000 ~ 2 000
2 000 ~ 4 000
> 4 000
0 5 10 20 30 40
km

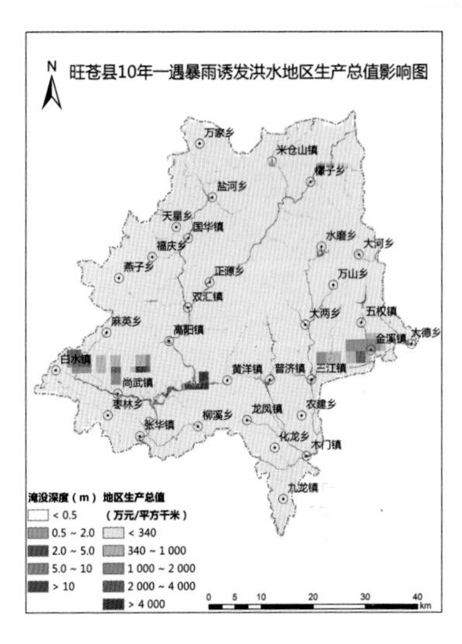

N
旺苍县10年一遇暴雨诱发洪水地区生产总值影响图
万家乡
米仓山镇
檬子乡
盐河乡
天星乡
国华镇
福庆乡
燕子乡
正源乡
水磨乡
大河乡
万山乡
双汇镇
大两乡
五权镇
麻英乡
高阳镇
金溪镇
大德乡
白水镇
尚武镇
黄洋镇
普济镇
三江镇
枣林乡
龙凤镇
农建乡
张华镇
柳溪乡
化龙乡
木门镇
九龙镇
淹没深度（m）
< 0.5
0.5 ~ 2.0
2.0 ~ 5.0
5.0 ~ 10
> 10
地区生产总值
（万元/平方千米）
< 340
340 ~ 1 000
1 000 ~ 2 000
2 000 ~ 4 000
> 4 000
0 5 10 20 30 40
km

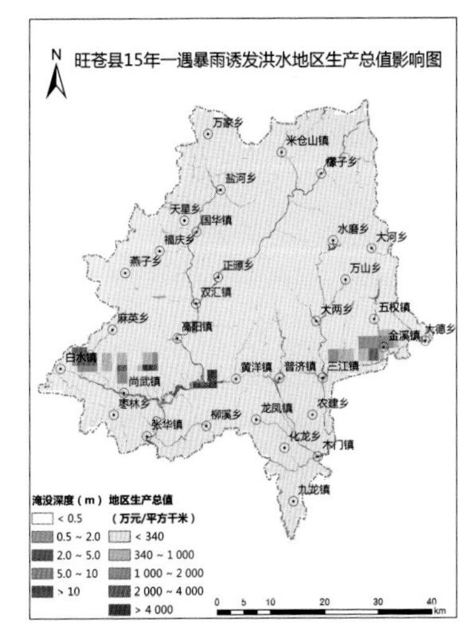

N
旺苍县15年一遇暴雨诱发洪水地区生产总值影响图
万家乡
米仓山镇
檬子乡
盐河乡
天星乡
国华镇
福庆乡
燕子乡
正源乡
水磨乡
大河乡
万山乡
双汇镇
大两乡
五权镇
麻英乡
高阳镇
金溪镇
大德乡
白水镇
尚武镇
黄洋镇
普济镇
三江镇
枣林乡
龙凤镇
农建乡
张华镇
柳溪乡
化龙乡
木门镇
九龙镇
淹没深度（m）
< 0.5
0.5 ~ 2.0
2.0 ~ 5.0
5.0 ~ 10
> 10
地区生产总值
（万元/平方千米）
< 340
340 ~ 1 000
1 000 ~ 2 000
2 000 ~ 4 000
> 4 000
0 5 10 20 30 40
km

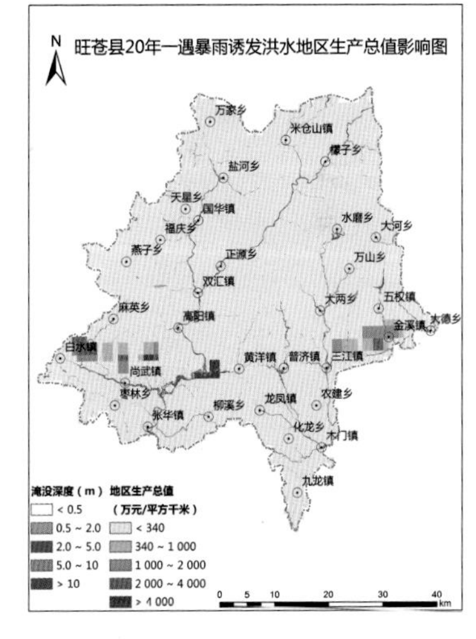

N
旺苍县20年一遇暴雨诱发洪水地区生产总值影响图
万家乡
米仓山镇
檬子乡
盐河乡
天星乡
国华镇
福庆乡
燕子乡
正源乡
水磨乡
大河乡
万山乡
双汇镇
大两乡
五权镇
麻英乡
高阳镇
金溪镇
大德乡
白水镇
尚武镇
黄洋镇
普济镇
三江镇
枣林乡
龙凤镇
农建乡
张华镇
柳溪乡
化龙乡
木门镇
九龙镇
淹没深度（m）
< 0.5
0.5 ~ 2.0
2.0 ~ 5.0
5.0 ~ 10
> 10
地区生产总值
（万元/平方千米）
< 340
340 ~ 1 000
1 000 ~ 2 000
2 000 ~ 4 000
> 4 000
0 5 10 20 30 40
km

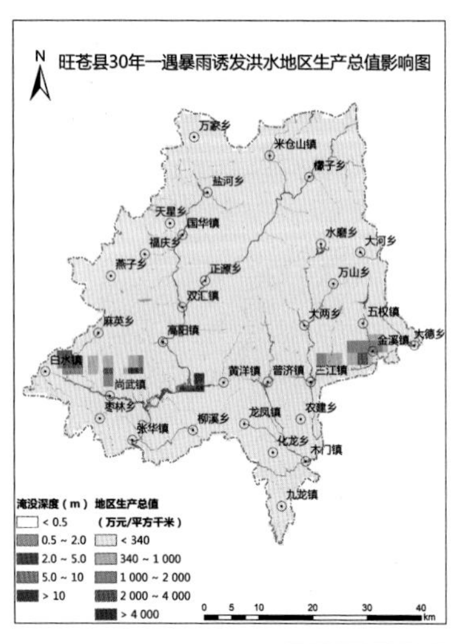

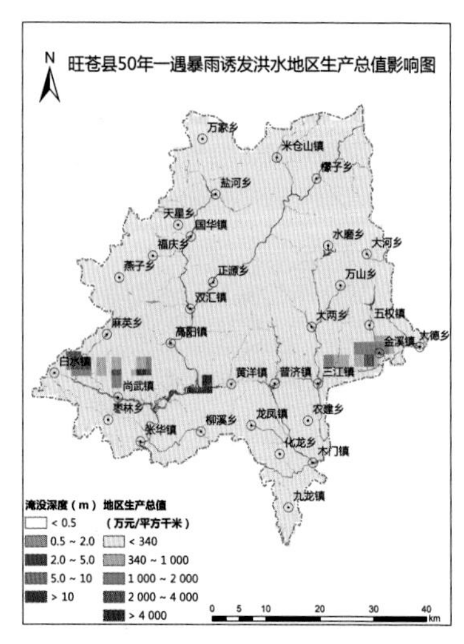

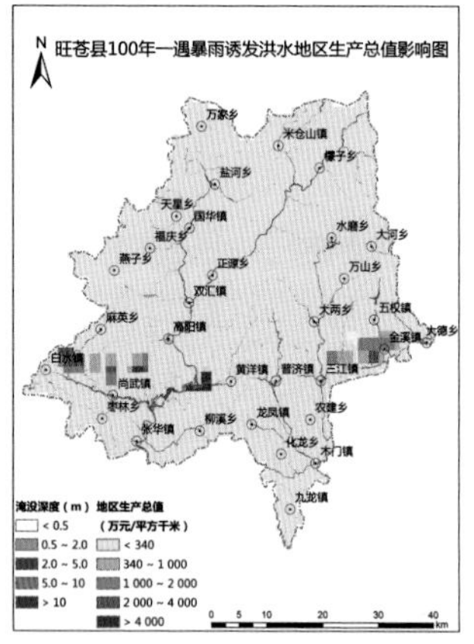

图 7.2　旺苍县不同重现期暴雨淹没模拟结果叠加地区生产总值数据

旺苍县不同重现期暴雨淹没模拟结果叠加人口分布数据如图 7.3 所示。旺苍县人口分布总体呈南多北少的趋势，人口密度最大值出现在东河镇、嘉川镇、尚武镇一带，人口密集区集中在米仓山走廊西南侧，处于高山与河谷地带。地形原因导致该区域受

暴雨影响较为明显，河水水位上涨后形成河岸漫顶，对城镇耕地及居民用地造成威胁。旺苍县居民点、公共设施及交通要道均位于这一区域，承灾体数量较多，灾损敏感性较高。

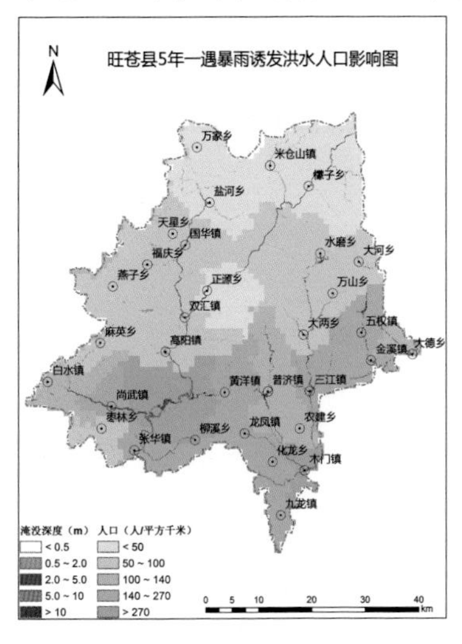

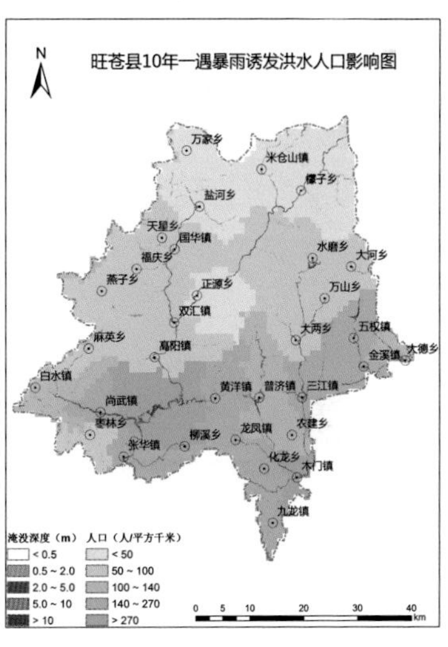

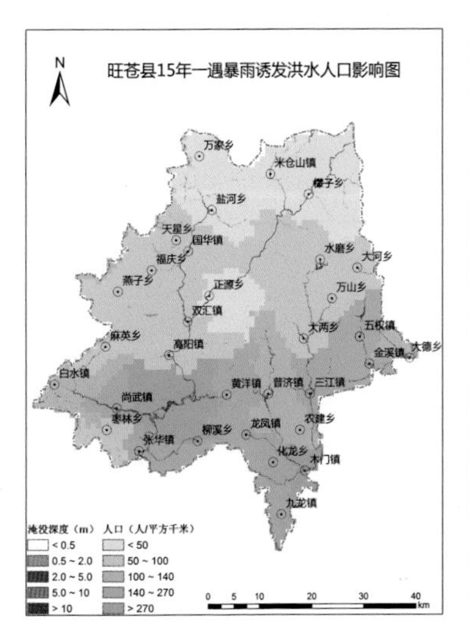

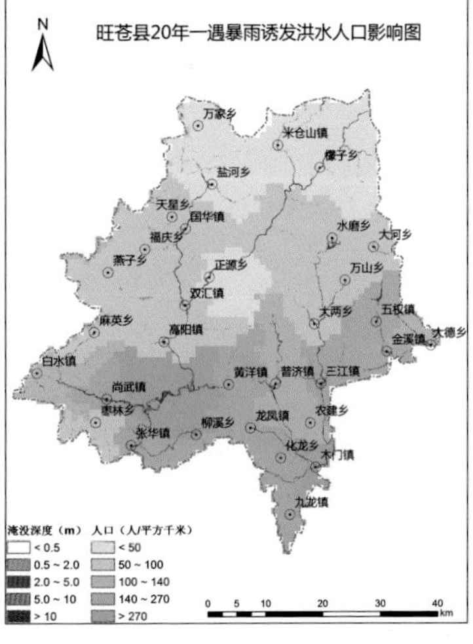

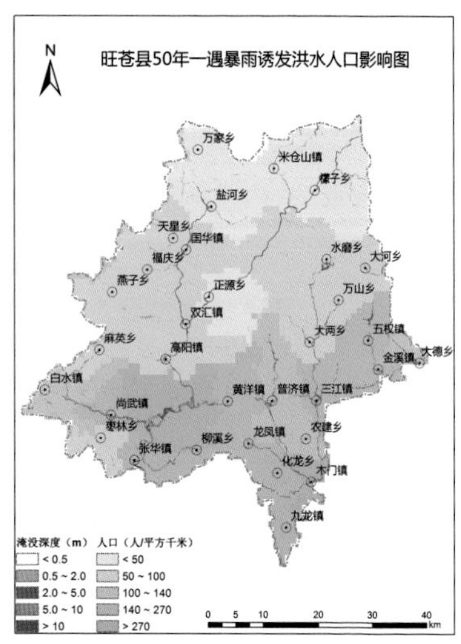

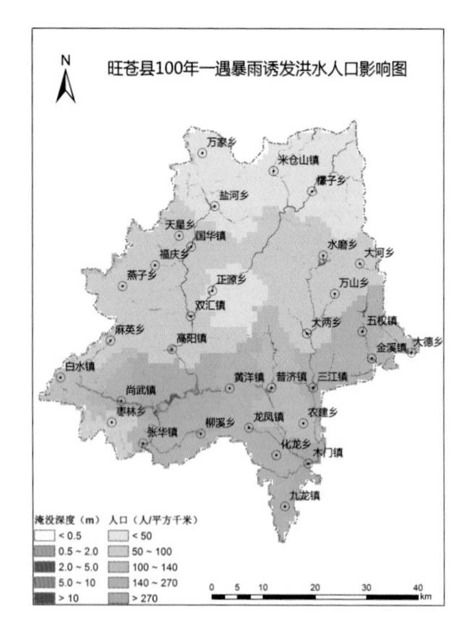

图 7.3 旺苍县不同重现期暴雨淹没模拟结果叠加人口分布数据

旺苍县不同重现期暴雨淹没模拟结果叠加土地利用类型数据

如图 7.4 所示。旺苍县全境土地利用类型以林地为主，耕地（旱地与水田）及居民用地均分布于河道附近及山谷地区，承灾体暴露度较高，其中米仓山走廊两侧和旺苍县西南部地区受暴雨影响更为明显，在 30 年一遇及以上强度的暴雨影响下易发生破圩及河岸漫顶，需加强洪灾防御工事建设。

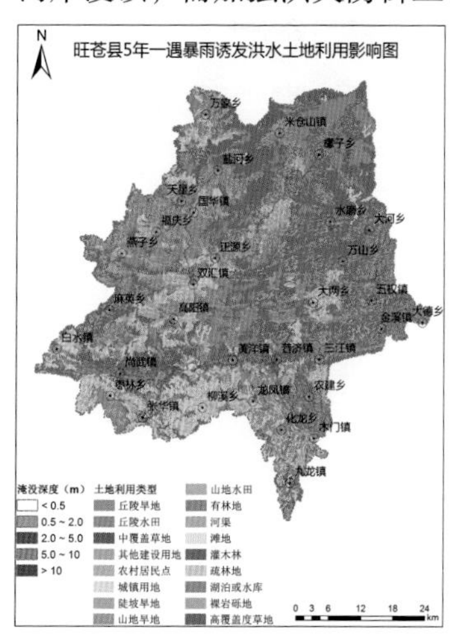

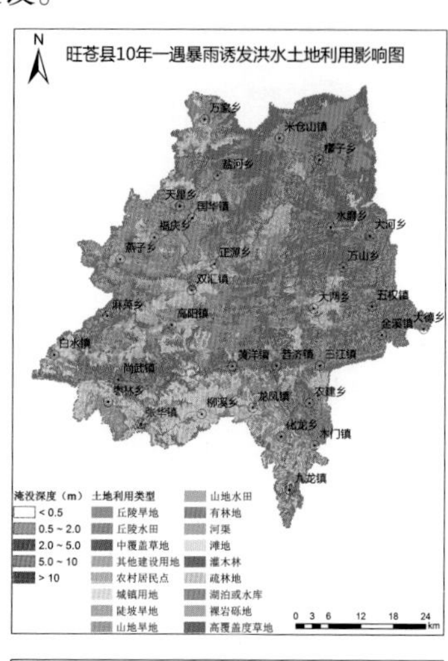

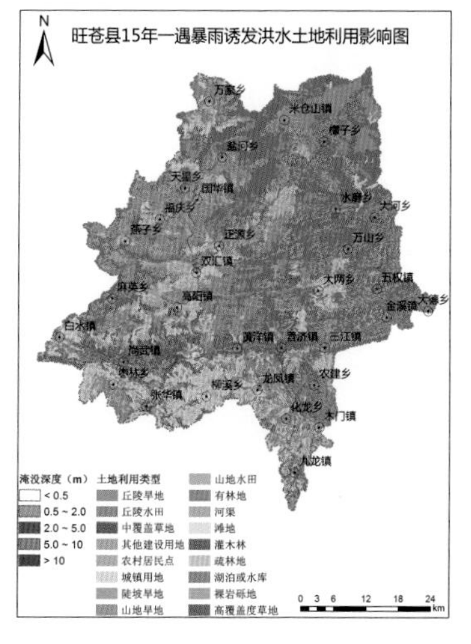

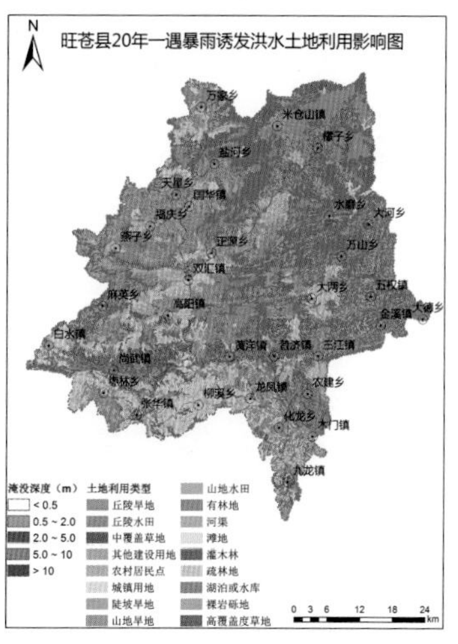

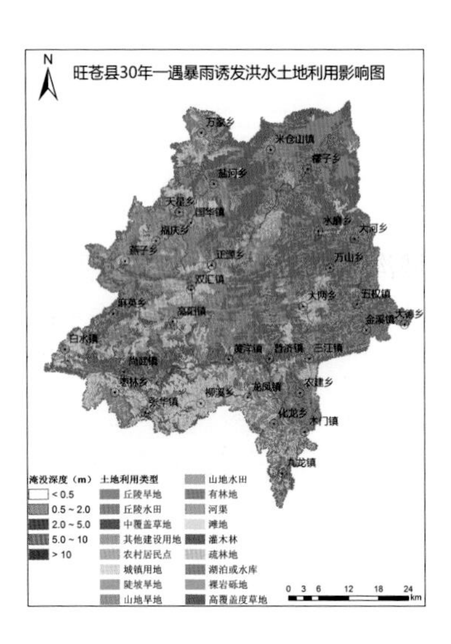

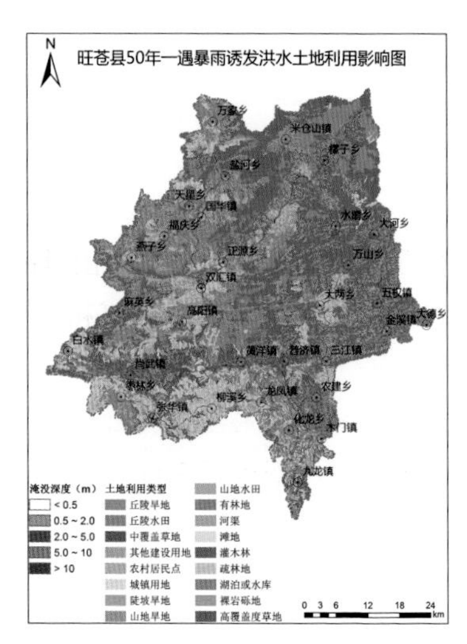

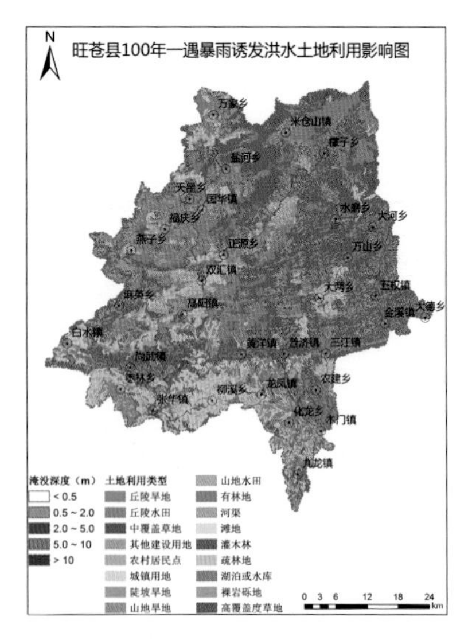

图 7.4　旺苍县不同重现期暴雨淹没模拟结果叠加土地利用类型数据

7.2 山洪灾害

7.2.1 分布特点

山洪沟流域指的是河流最上游面积小于等于 200 km^2 的流域。选取旺苍县地形易于发生山洪的彭城沟、白家沟、西河、后坝河、黄洋河、流溪河、清江河和金鱼河山洪沟进行旺苍县山洪沟不同重现期（5、10、15、20、30、50、100 年一遇）的暴雨洪涝灾害风险区划工作（见图 7.5），并绘制完成山洪沟风险区划的淹没范围和深度图以及人口、地区生产总值、土地利用类型影响图。

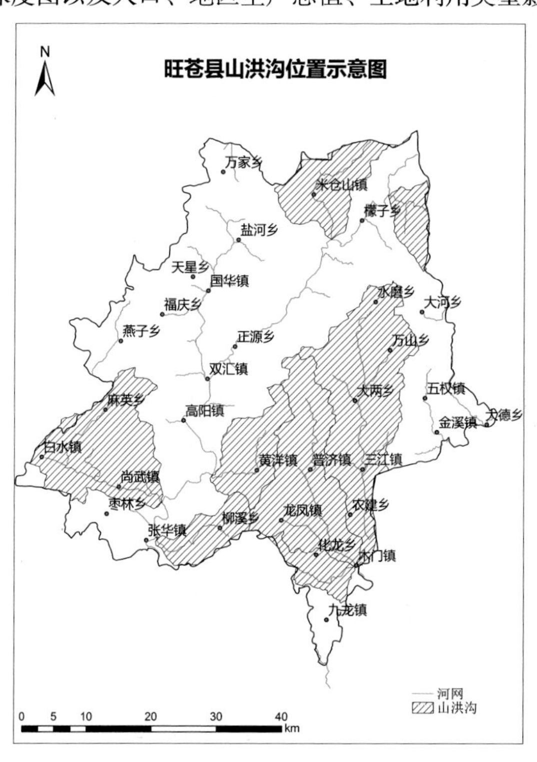

图 7.5 旺苍县山洪沟空间位置示意图

7.2.2 评估方法

山洪模拟本研究采用淹没模型 FloodArea 开展，该模型是基于 ARCGIS 栅格数据，由德国 Geomer 公司开发的二维非恒定流洪水淹没模型。该模型的主要目的是计算洪水淹没范围和淹没深度，它不同于静态洪水淹没图，可以动态地显示每个模拟时间洪水的淹没进程。模型计算基于水动力方法，每个栅格的泻入量由 maning － strickler 公式计算，同时考虑周围八个单元的水流宽度，水流方向由地形坡向所决定。选用 FloodArea 淹没模型中 Rainstorm 模块来模拟山洪地质灾害淹没过程，模型输入主要由模拟区域的数字高程文件，权重雨量栅格分布和过程面雨量文件三个必选参数以及阻水建筑物、堤坝溃口、粗糙度三个可选参数组成。步骤如下：

步骤一：典型山洪灾害个例调查。根据风险区划研究需要，收集气象、水文、地理信息、社会经济以及历史灾情数据，建立山洪灾害风险数据库。

步骤二：山洪过程模拟。基于气象、水文和地理信息基础数据，运行 FloodArea 模型，反演典型山洪过程。

步骤三：确定致灾临界（面）雨量。基于统计和 FloodArea 模型方法，计算预警点淹没某一深度时对应的面雨量，这就是预警点淹没达到或超过某一量值时的致灾临界面雨量。

步骤四：建立致洪面雨量序列。利用国家站历史长序列小时雨量资料，重建区域站历史小时雨量资料序列，结合致灾临界（面）雨量以及历史暴雨洪涝灾情，建立致洪面雨量序列。

步骤五：计算不同重现期（T 年一遇）的致洪面雨量。采用广义极值分布函数来进行拟合优度检验，确定分布函数并计算出不同重现期（T 年一遇）的致洪面雨量。

步骤六：不同重现期洪水淹没分析。将计算得到的不同重现期致洪面雨量、小时雨型分布、叠加堤坝信息的 DEM、manning 系数等数据带入 FloodArea 模型进行淹没模拟，得到不同重现期洪水淹没图。

步骤七：暴雨洪涝灾害风险区划。将不同重现期下（5、10、15、20、30、50、100 年一遇）暴雨洪涝淹没结果分别叠加流域内的人口、地区生产总值以及土地利用信息，得到不同重现期下人口、地区生产总值以及土地利用等风险区划图谱，并根据栅格值提取，得到不同重现期下不同淹没深度的定量化信息表。

7.2.3 评估结果

图 7.6 直观反映了不同重现期下洪水淹没水深的空间形态分布。随着重现期增加，河道水位上涨幅度逐渐加大，淹没范围明显扩大，各子流域低洼地带淹没水深也明显增加。5 ~ 10 年一遇的洪水大部分地区淹没深度不足 3 m；而 50 年及 100 年一遇洪水河道水位淹没超过 5 m 的地区大大增加。累计 24 h 致灾面雨量洪水过程是向旺苍南部的米仓山走廊一带堆聚，在该区域的山洪沟淹没较深，灾情最为严重。100 年一遇淹没深度大于 5 m 的淹没面积比 5 年一遇增加了近 1%。

利用 GIS 技术，获取受灾范围和水深分布，针对不同重现期下暴雨山洪淹没图层，在此基础上分别叠加流域内人口、GDP 和土地利用类型信息，评估不同淹没承灾体的受灾情况。这里以淹没承载体深度（< 0.2 m，0.2 ~ 1 m，1 ~ 3 m，3 ~ 5 m 及 > 5 m）分别划分为低风险、较低风险、中等风险、高风险和极高风险等级。

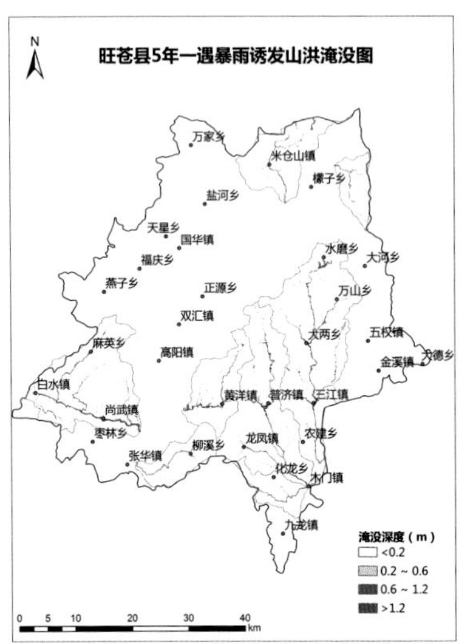
旺苍县5年一遇暴雨诱发山洪淹没图
N
万家乡
米仓山镇
檬子乡
盐河乡
天星乡
国华镇
水磨乡
大河乡
福庆乡
燕子乡
正源乡
万山乡
双汇镇
大两乡
五权镇
麻英乡
高阳镇
大德乡
金溪镇
白水镇
黄洋镇
普济镇
三江镇
尚武镇
枣林乡
农建乡
柳溪乡
龙凤镇
张华镇
化龙乡
木门镇
九龙镇
淹没深度（m）
<0.2
0.2 ~ 0.6
0.6 ~ 1.2
>1.2
0 5 10 20 30 40
km

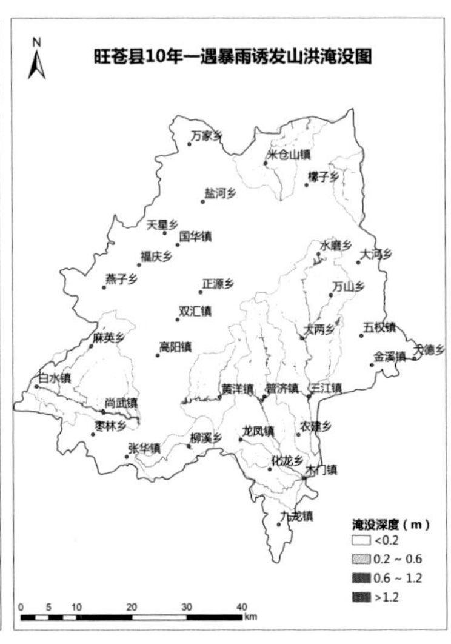
旺苍县10年一遇暴雨诱发山洪淹没图
N
万家乡
米仓山镇
檬子乡
盐河乡
天星乡
国华镇
水磨乡
大河乡
福庆乡
燕子乡
正源乡
万山乡
双汇镇
大两乡
五权镇
麻英乡
高阳镇
大德乡
金溪镇
白水镇
黄洋镇
普济镇
三江镇
尚武镇
枣林乡
农建乡
柳溪乡
龙凤镇
张华镇
化龙乡
木门镇
九龙镇
淹没深度（m）
<0.2
0.2 ~ 0.6
0.6 ~ 1.2
>1.2
0 5 10 20 30 40
km

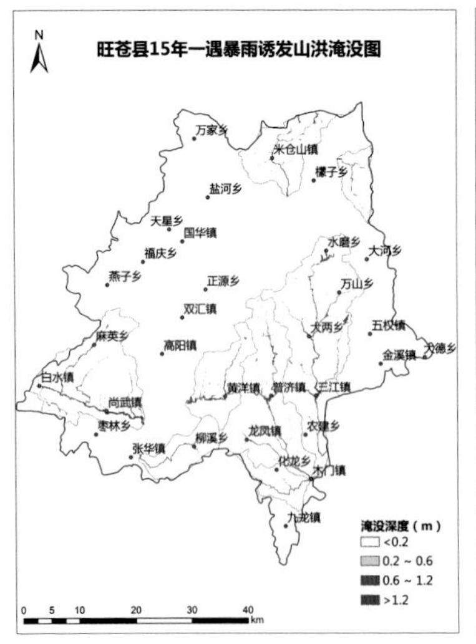
旺苍县15年一遇暴雨诱发山洪淹没图
N
万家乡
米仓山镇
檬子乡
盐河乡
天星乡
国华镇
水磨乡
大河乡
福庆乡
燕子乡
正源乡
万山乡
双汇镇
大两乡
五权镇
麻英乡
高阳镇
大德乡
金溪镇
白水镇
黄洋镇
普济镇
三江镇
尚武镇
枣林乡
农建乡
柳溪乡
龙凤镇
张华镇
化龙乡
木门镇
九龙镇
淹没深度（m）
<0.2
0.2 ~ 0.6
0.6 ~ 1.2
>1.2
0 5 10 20 30 40
km

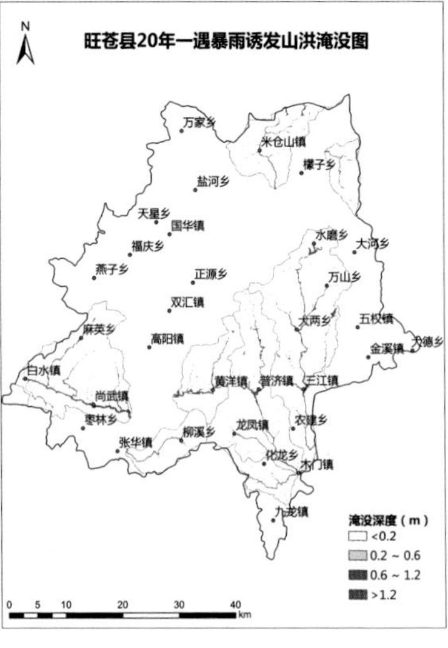
旺苍县20年一遇暴雨诱发山洪淹没图
N
万家乡
米仓山镇
檬子乡
盐河乡
天星乡
国华镇
水磨乡
大河乡
福庆乡
燕子乡
正源乡
万山乡
双汇镇
大两乡
五权镇
麻英乡
高阳镇
大德乡
金溪镇
白水镇
黄洋镇
普济镇
三江镇
尚武镇
枣林乡
农建乡
柳溪乡
龙凤镇
张华镇
化龙乡
木门镇
九龙镇
淹没深度（m）
<0.2
0.2 ~ 0.6
0.6 ~ 1.2
>1.2
0 5 10 20 30 40
km

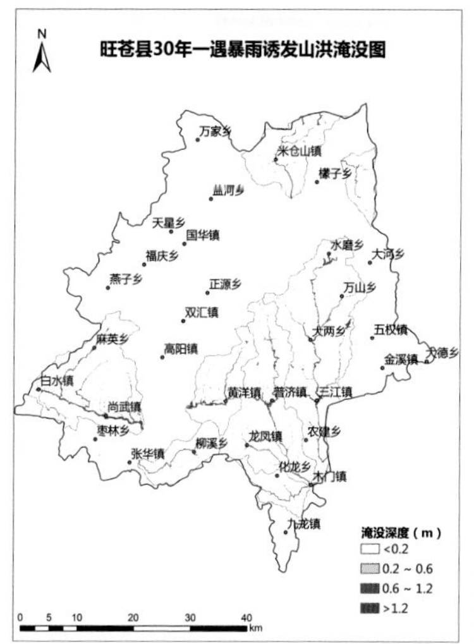

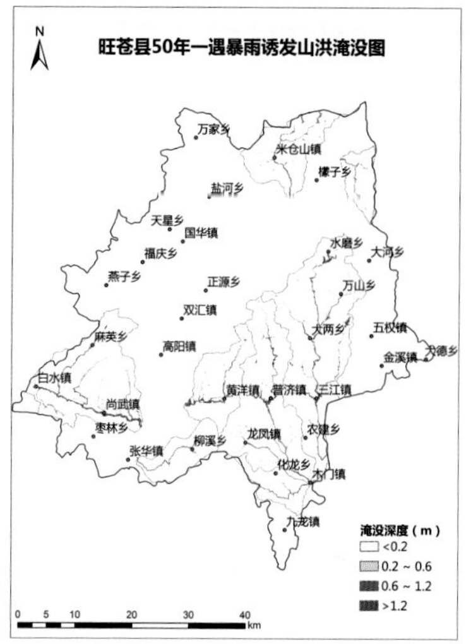

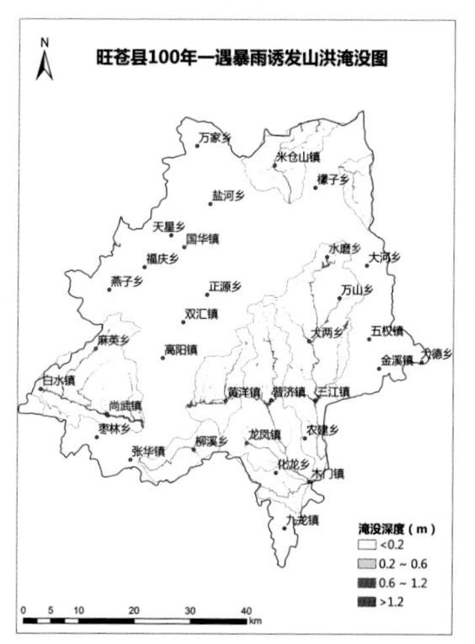

图 7.6　不同重现期淹没深度结果

图 7.7 ~ 图 7.9 为旺苍县人口数、地区生产总值、不同土地类型区域淹没情况图。图中可见旺苍县南部沿米仓山走廊为经济较为发达地区，地均地区生产总值大于 150 万元地区主要集中在

西河、黄洋河、清江河和后坝河沿米仓山走廊沿线；人口分布主要分布于南部地区，人口密度高于 150 人 / 平方千米地区大多分布于南部米仓山走廊一带；米仓山走廊以南主要土地类型为水田，米仓山走廊沿线主要为居民用地。在人口、经济较为密集的地区，也是山洪淹没风险较高的地区。

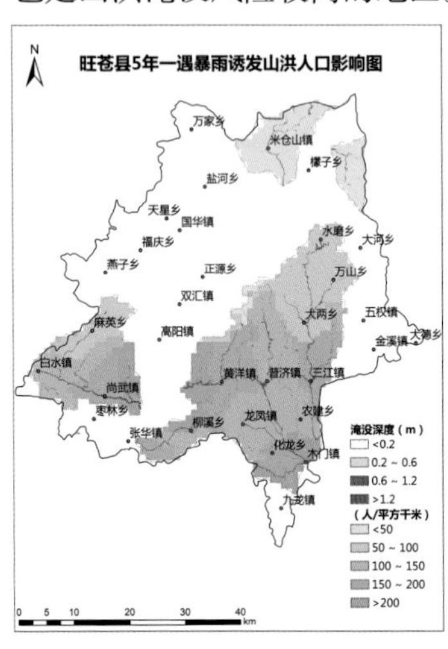

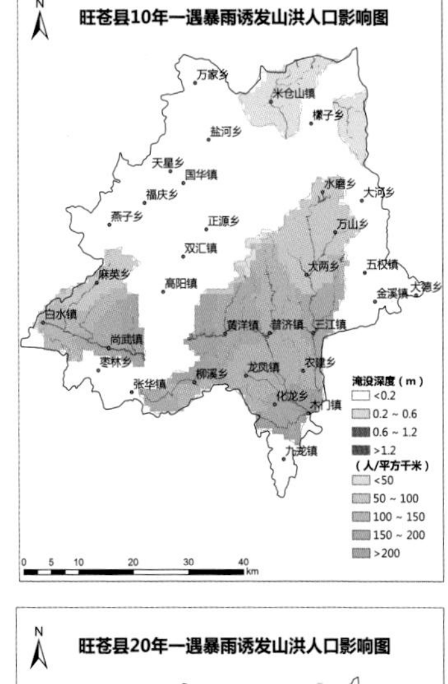

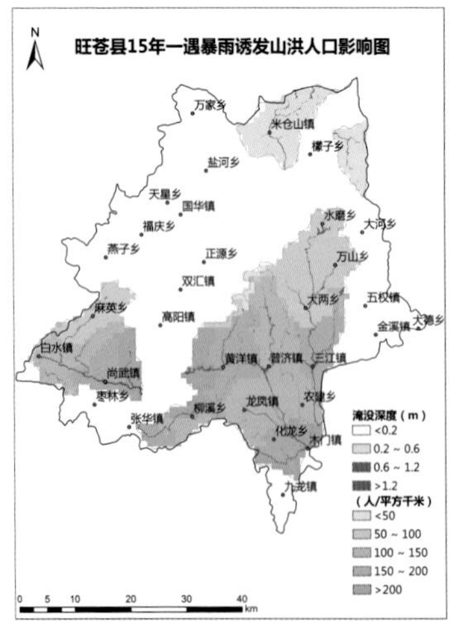

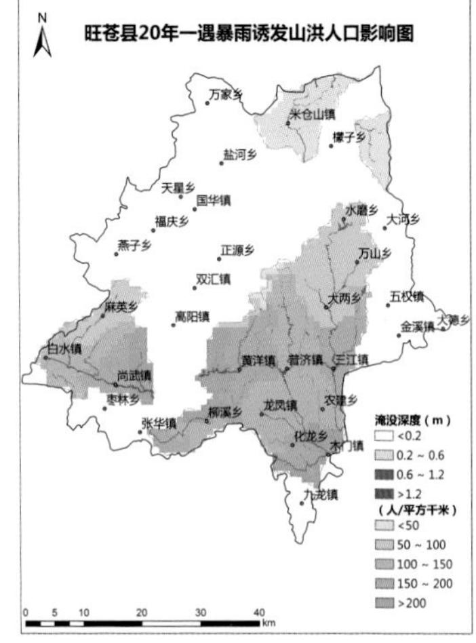

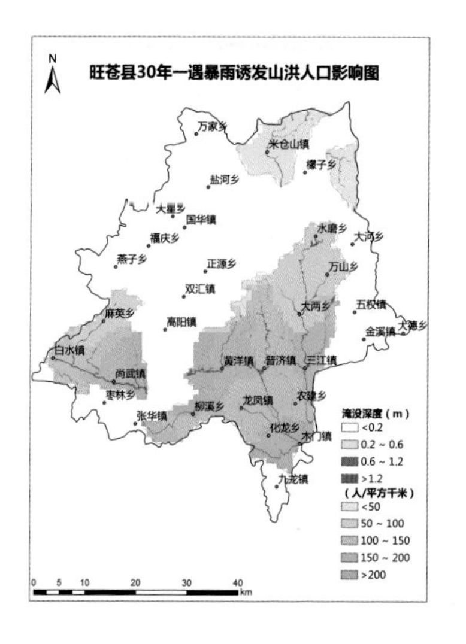

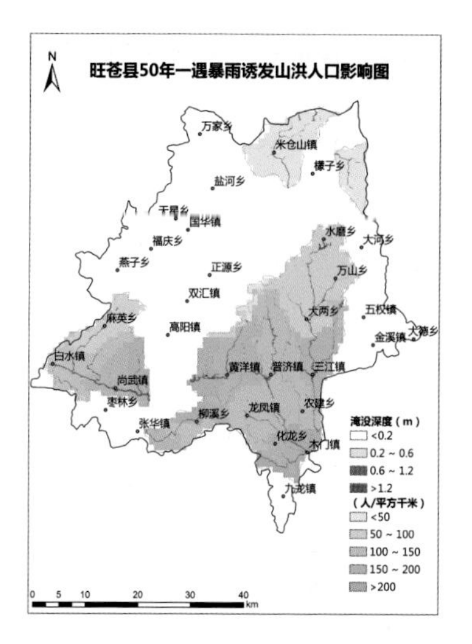

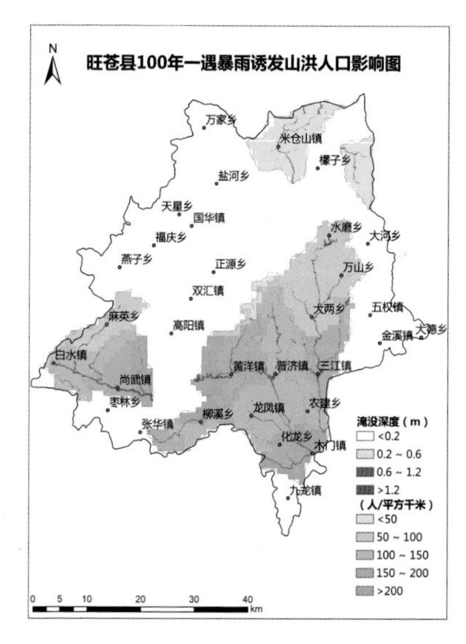

图 7.7　不同重现期淹没人口影像图

旺苍县5年一遇暴雨诱发山洪地区生产总值影响图

N

万家乡
米仓山镇
檬子乡
盐河乡
天星乡
国华镇
福庆乡
水磨乡
大河乡
燕子乡
正源乡
万山乡
双汇镇
五权镇
麻英乡
大两乡
高阳镇
金溪镇
大德乡
白水镇
黄洋镇
普济镇
三江镇
尚武镇
枣林乡
柳溪乡
龙凤镇
农建乡
张华镇
化龙乡
木门镇
九龙镇
淹没深度（m）
<0.2
0.2 ~ 0.6
0.6 ~ 1.2
>1.2
(万元/平方千米)
<50
50 ~ 100
100 ~ 150
150 ~ 200
>200
0 5 10 20 30 40 km

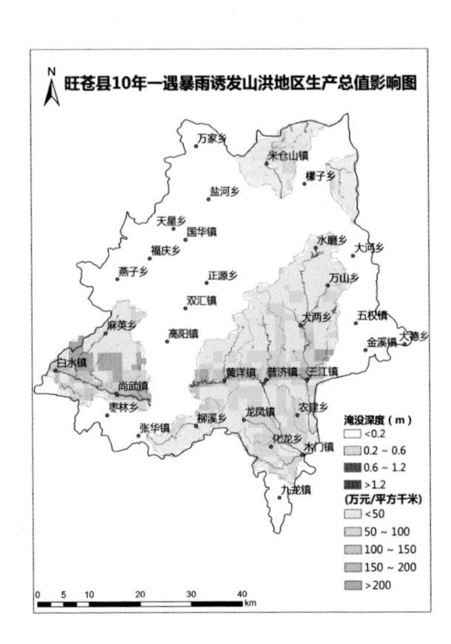

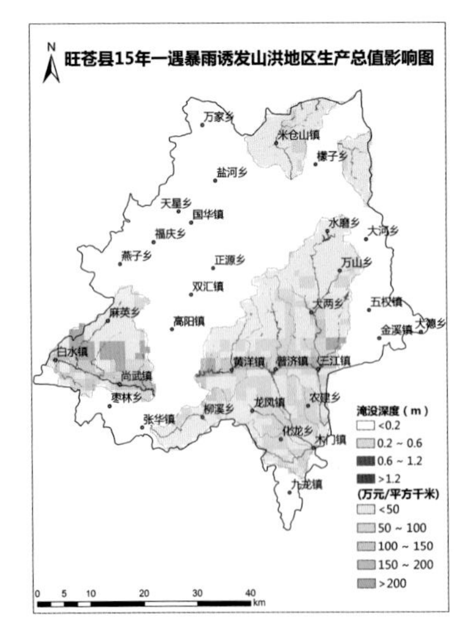

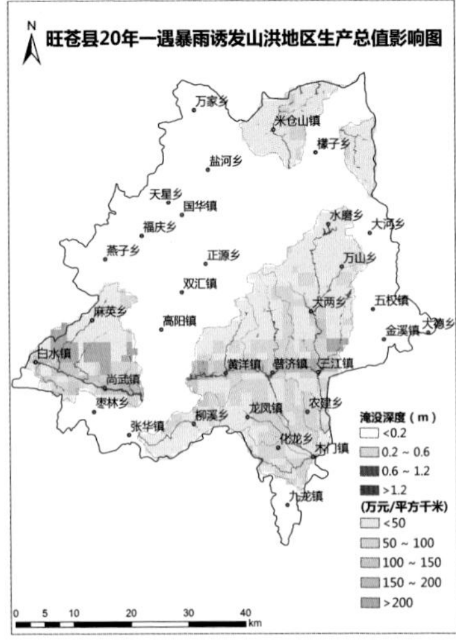

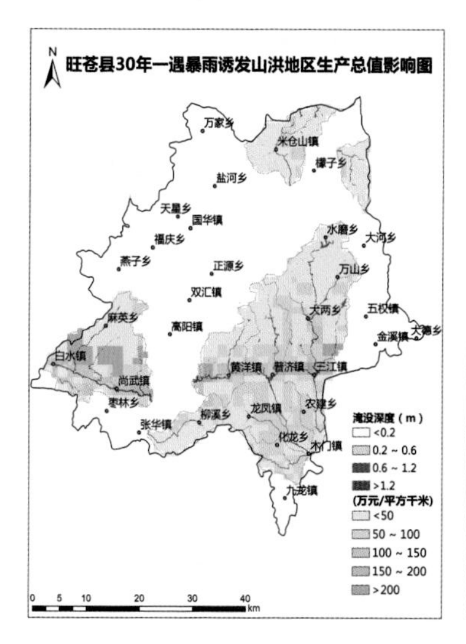

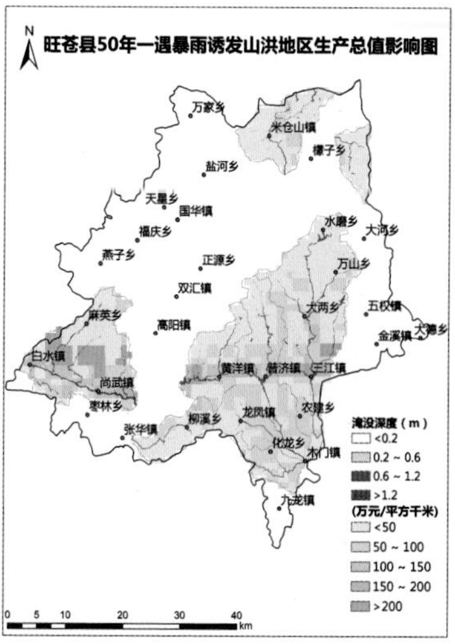

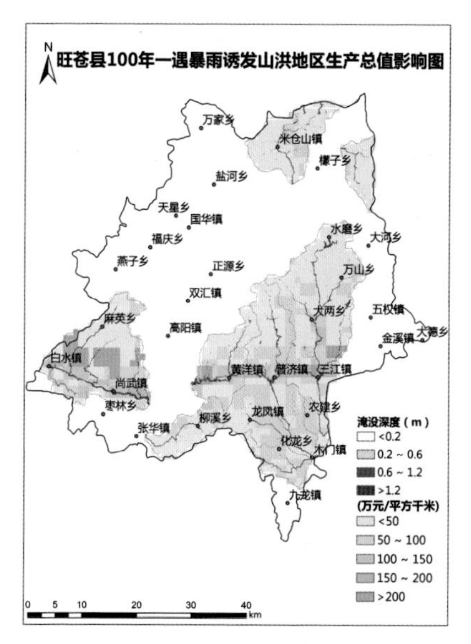

图 7.8　不同重现期淹没地区生产总值影响图

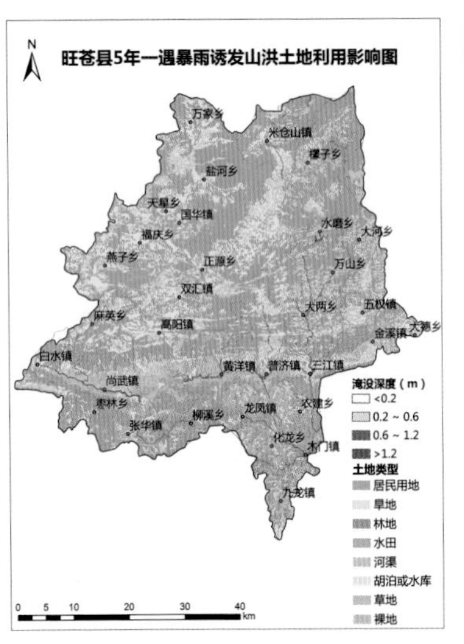
旺苍县5年一遇暴雨诱发山洪土地利用影响图
N
万家乡
米仓山镇
檬子乡
盐河乡
天星乡
国华镇
水磨乡
大河乡
福庆乡
燕子乡
正源乡
万山乡
双汇镇
大两乡
五权镇
麻英乡
高阳镇
大德乡
金溪镇
白水镇
黄洋镇
普济镇
三江镇
尚武镇
枣林乡
农建乡
柳溪乡
龙凤镇
张华镇
化龙乡
木门镇
九龙镇
淹没深度（m）
<0.2
0.2 ~ 0.6
0.6 ~ 1.2
>1.2
土地类型
居民用地
旱地
林地
水田
河渠
胡泊或水库
草地
裸地
0 5 10 20 30 40
km

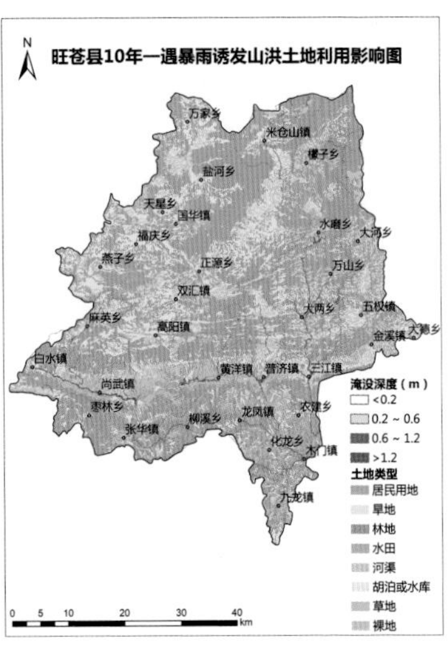
旺苍县10年一遇暴雨诱发山洪土地利用影响图
N
万家乡
米仓山镇
檬子乡
盐河乡
天星乡
国华镇
水磨乡
大河乡
福庆乡
燕子乡
正源乡
万山乡
双汇镇
大两乡
五权镇
麻英乡
高阳镇
大德乡
金溪镇
白水镇
黄洋镇
普济镇
三江镇
尚武镇
枣林乡
农建乡
柳溪乡
龙凤镇
张华镇
化龙乡
木门镇
九龙镇
淹没深度（m）
<0.2
0.2 ~ 0.6
0.6 ~ 1.2
>1.2
土地类型
居民用地
旱地
林地
水田
河渠
胡泊或水库
草地
裸地
0 5 10 20 30 40
km

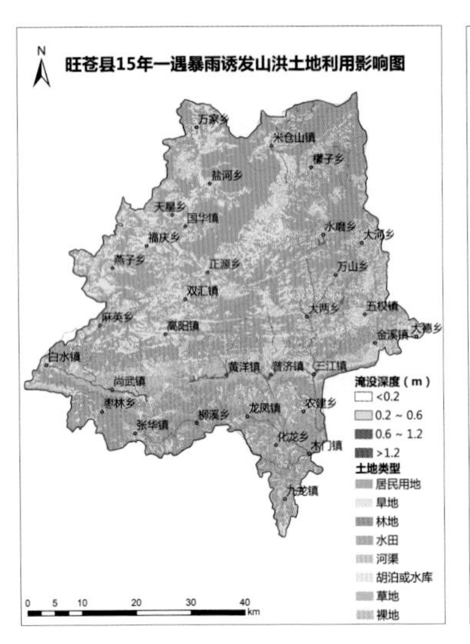
旺苍县15年一遇暴雨诱发山洪土地利用影响图
N
万家乡
米仓山镇
檬子乡
盐河乡
天星乡
国华镇
水磨乡
大河乡
福庆乡
燕子乡
正源乡
万山乡
双汇镇
大两乡
五权镇
麻英乡
高阳镇
大德乡
金溪镇
白水镇
黄洋镇
普济镇
三江镇
尚武镇
枣林乡
农建乡
柳溪乡
龙凤镇
张华镇
化龙乡
木门镇
九龙镇
淹没深度（m）
<0.2
0.2 ~ 0.6
0.6 ~ 1.2
>1.2
土地类型
居民用地
旱地
林地
水田
河渠
胡泊或水库
草地
裸地
0 5 10 20 30 40
km

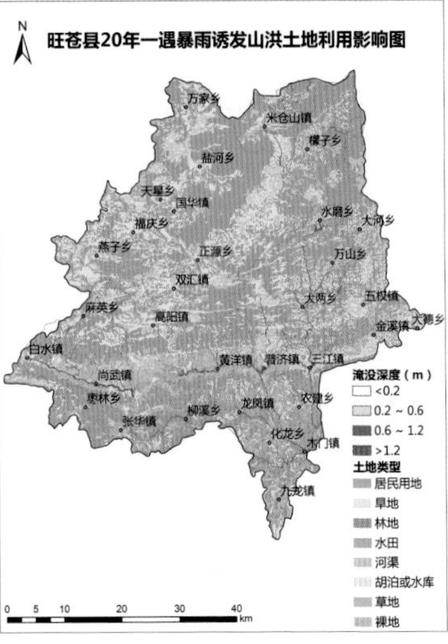
旺苍县20年一遇暴雨诱发山洪土地利用影响图
N
万家乡
米仓山镇
檬子乡
盐河乡
天星乡
国华镇
水磨乡
大河乡
福庆乡
燕子乡
正源乡
万山乡
双汇镇
大两乡
五权镇
麻英乡
高阳镇
大德乡
金溪镇
白水镇
黄洋镇
普济镇
三江镇
尚武镇
枣林乡
农建乡
柳溪乡
龙凤镇
张华镇
化龙乡
木门镇
九龙镇
淹没深度（m）
<0.2
0.2 ~ 0.6
0.6 ~ 1.2
>1.2
土地类型
居民用地
旱地
林地
水田
河渠
胡泊或水库
草地
裸地
0 5 10 20 30 40
km

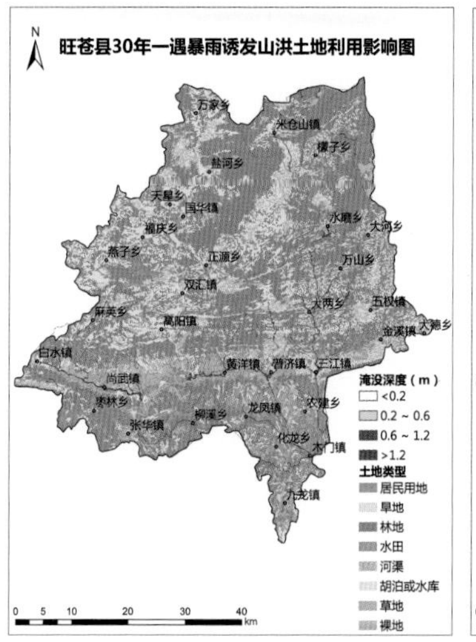

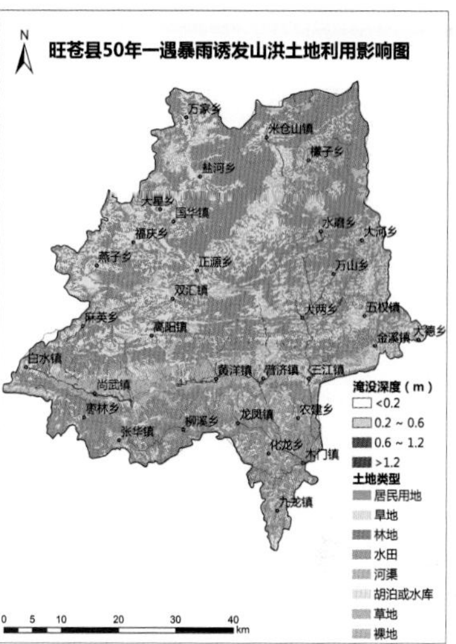

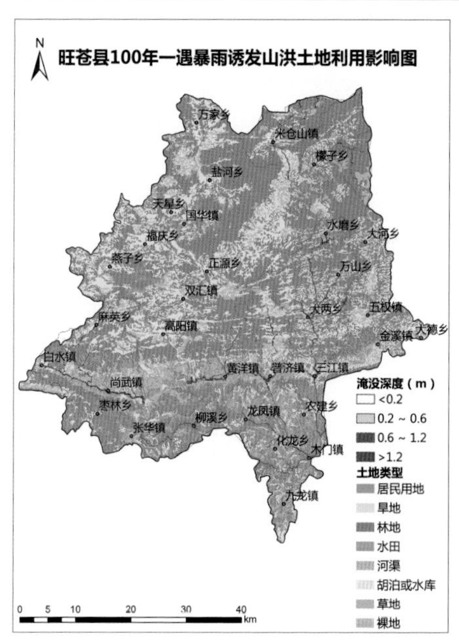

图 7.9　不同重现期不同土地类型影响图

旺苍山洪沟流域居民区域 5 年一遇的低风险、较低风险、中等风险、高风险和极高风险区受灾率分别为 92.40%、1.51%、2.26%、1.71% 和 2.13%；100 年一遇分别为 90.57%、1.27%、1.86%、1.87% 和 4.43%。

总体而言，随着淹没深度的增加，承载体受灾程度不断加重，山洪灾害风险也逐渐增高。

总之，基于 FloodArea 模拟不同重现期致灾面雨量淹没范围及水深，在充分考虑承载体暴露度及脆弱性的基础上，开展暴雨山洪灾害风险评估。旺苍县山洪淹没规律是，较高风险和高风险区域主要集中于旺苍县南部的米仓山走廊一带，该区域地形较低部位淹没深度较高，人口经济较为密集，受山洪灾害影响较大。应对这部分区域进行重点监控，做好隐患点的防灾措施。

7.3 地质灾害

7.3.1 分布特点

旺苍县地质地貌环境复杂，地质灾害类型多、影响范围广。近些年影响人民生命财产、交通航道、城镇建设重要设施安全的地质灾害主要是滑坡、泥石流和崩塌，共有 224 处（见图 7.10）。其中滑坡为最主要地质灾害，有 170 处，占总数的 75.9%；崩塌 32 处，占总数的 14.3%；泥石流 10 处，占总数的 4.5%；其他类（地裂缝和沉降等）12 处，占总数 5.3%。旺苍县境内地质灾害点分布在北部米仓山中山地貌区的约有 107 处，占灾害点总数 47.8%；南部低山地貌区 54 处，占灾点总数的 24.1%；中部槽型谷地平坝地貌区 63 处，占灾害点总数的 28.1%。

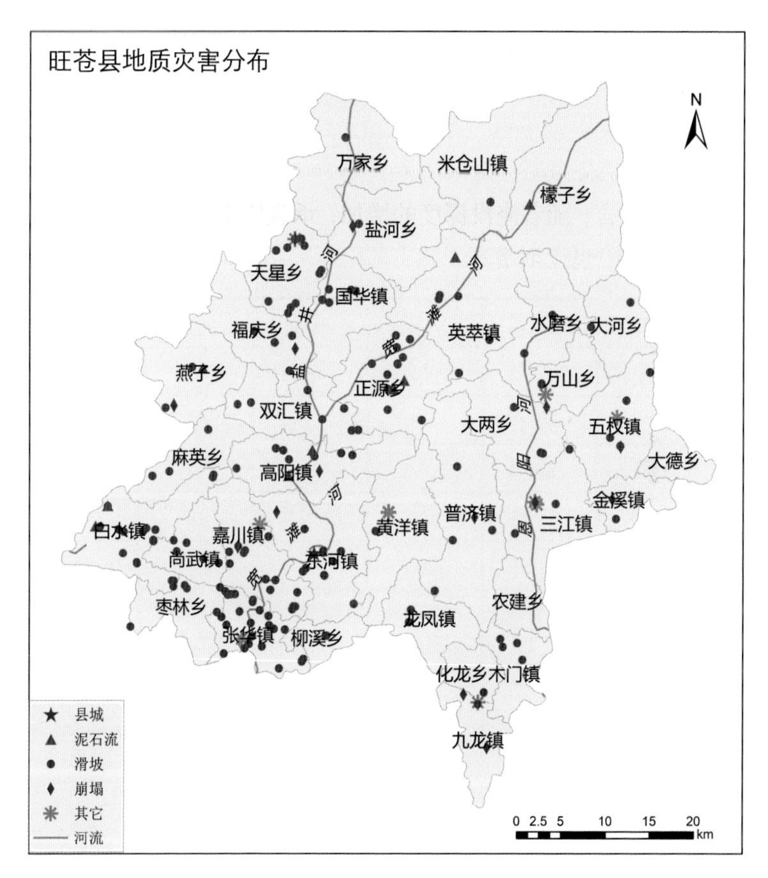

图 7.10　旺苍县地质灾害分布图

旺苍县共有 35 个乡镇，由于不同乡镇所处地形地貌，地层岩性等地质环境有所差异，因此地质灾害分布类型及规模数量也不同，即使同一乡镇，在不同地段地质灾害发育情况也有较大差别。通过图 7.10 和表 7.2 可以看出，旺苍境内地质灾害点最多的乡镇是张华镇，有地质灾害 25 处，其次是嘉川镇、白水镇、正源乡和天星乡等，地质灾害分布有 13 ～ 16 处。虽然旺苍县境内地质灾害较为发育，但由于监测到位，搬迁治理力度较大，目前乡镇一级的人口密集区几乎无直接威胁人类生命的地质灾害存在，如正源乡、张华镇、英萃镇、三江镇等通过移民搬迁，将地质灾害对人类生命财产造成的损失降到了最低。

表 7.2　旺苍县地质灾害乡镇分布统计表

乡镇名	泥石流	滑坡	崩塌	其他	合计
九龙镇		1	4	1	6
化龙乡		1			1
木门镇		4			4
柳溪乡		1			1
张华镇		24		1	25
枣林乡		7			7
龙凤镇		2			2
农建乡					
尚武镇		7			7
嘉川镇		13	2	1	16
金溪镇		1	2		3
东河镇		10	2		12
白水镇	2	13			15
三江镇		4	2	4	10
黄洋镇		1		2	3
高阳镇	2	7	2		11
大德乡					
麻英乡		3			3

续表

乡镇名	泥石流	滑坡	崩塌	其他	合计
普济镇		4	4		
大两乡		3	2		5
双汇镇		7			7
五权镇		6	2	2	10
万山乡		2		1	3
燕子乡	1	2	4		7
正源乡	3	12			15
大河乡		2			2
国华镇		7			7
福庆乡		4	2		6
水磨乡		3			3
英萃镇	1	5			6
天星乡		11	2		13
盐河乡		1	2		3
米仓山镇		1			1
万家乡		1			1
檬子乡	1				1

7.3.2 评估方法

降水是边坡稳定性的重要影响因子，利用预报降水数据驱动响应能力较好的边坡稳定性模型，可得出研究区域边坡稳定性在预报降水数据时段内的变化，从而实现浅层滑坡预测。本书根据旺苍县数字高程及降水历史资料，通过模型模拟旺苍县不同区域在暴雨影响下的边坡稳定性变化，得到每个格点的边坡安全系数值。再结合历史灾情，统计地质灾害密度分布，建立旺苍地质灾害风险评估模型，对旺苍县境内的地质灾害进行风险等级评估。

7.3.3 评估结果

根据旺苍县数字高程及降水历史资料，通过模型模拟旺苍县不同区域在暴雨影响下的边坡稳定性变化，得到每个格点的边坡安全系数值，如果安全系数值小于 1，表示该单元在强降雨影响下发生边坡失稳，引发地质灾害的概率大于 60%，即认为该单元为边坡失稳危险点。为使结果更加直观，对模拟结果进行了单元聚合，将 100×100 个空间分辨率为 30 m×30 m 的单元聚合到一个空间分辨率为 3 000 m 的小区域，统计小区域内边坡安全系数的平均值（见图 7.11）。将边坡稳定性模拟结果叠加历史地质灾情密度（见图 7.12），细化和完善致灾条件，进一步确定各区域地质灾害风险，得出旺苍县地质灾害风险等级分布如图 7.13 所示。

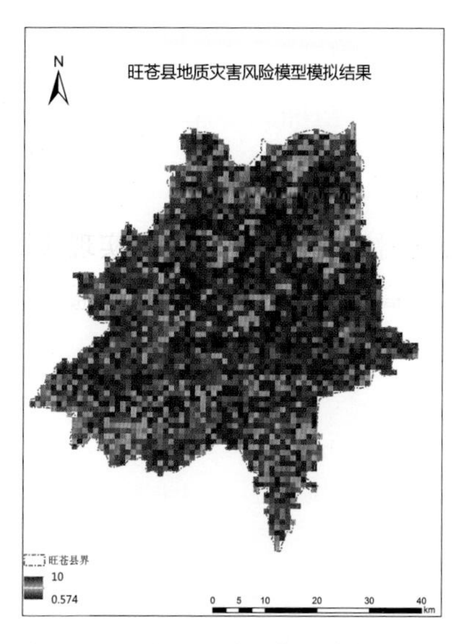

图 7.11　旺苍县地质灾害风险模拟结果

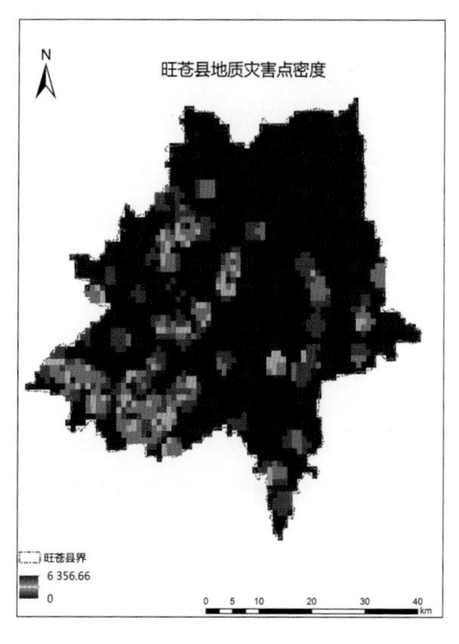

图 7.12　旺苍县地质灾害点密度

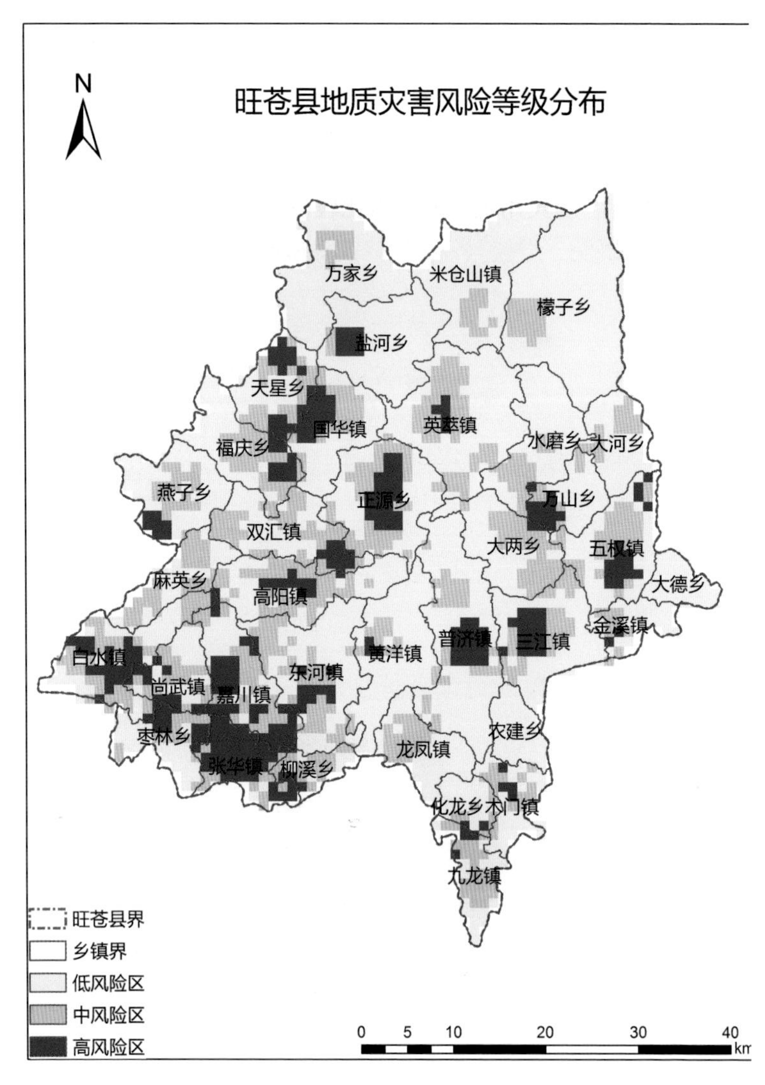

图 7.13　旺苍县地质灾害风险等级分布

地质灾害风险模拟结果（见图 7.13）显示，旺苍县地质灾害风险区主要位于县境内海拔较高，坡度较陡的河谷地带，其中地质灾害风险较高的区域集中在县城所在的东河镇，及周边的白水镇、尚武镇、枣林乡、张华镇、嘉川镇一带。上述区域处于旺苍县行政、经济中心及交通枢纽地带，人口密度较大（超过 270 人 / 平方公里），居民用地和耕地占比较高，交通要道、商业区、居民社区、医院、学校、公益设施等易损性承灾体密集，发生地质灾害时损失较大。米仓山走廊北部也有零星区域属于地质灾害高风险区，这一区域人口密度约为 80 ~ 140 人 / 平方公里，土地利用类型以林地为主，居民区及耕地多位于河道两侧及山谷地区。当地国土地质部门需对地质灾害隐患点加强巡查，对危险区域进行山体加固等防灾措施，发现险情及时组织相关群众撤离；气象部门要及时根据未来天气状况发布预警信息，最大程度避免灾损。

附件：

四川省农业科学院土壤肥料研究所检测报告 1

样品编号	自编号	采样、地点	作物种类	采样时间	pH	有机质 /(g/kg)	全氮 / (g/kg)	碱解氮 / (mg/kg)	有效磷 /(mg/kg)	速效钾 /(mg/kg)
2017-449-4859	样 1	汉源县双溪乡	果树套种	9-6 10:05	5.18	61.6	3.06	332	177.8	652
2017-449-4860	样 2	汉源县双溪乡	果树套种	9-6 10:14	5.80	28.0	1.51	172	7.6	710
2017-449-4861	样 3	理县佳山村	红脆李	9-7 10:07	8.53	15.2	0.90	66	5.0	83
2017-449-4862	样 4	汶川雁门乡	车厘子	9-7 13:17	8.46	29.3	2.00	125	4.1	63

四川省农业科学院土壤肥料研究所检测报告 2

样品编号	自编号	pH	有机质 /(g/kg)	全氮 /(g/kg)	碱解氮 /(mg/kg)	有效磷 /(mg/kg)	速效钾 /(mg/kg)
2017-428-4698	样 A1	6.44	21.7	1.27	119	10.9	90
2017-428-4699	样 B1	7.96	24.7	1.31	142	17.3	74
2017-428-4700	编号 4（翠冠梨，苍溪县梨研究所种植园）	7.96	20.1	1.33	125	65.6	137
2017-428-4701	编号 5（脆红李、翡翠梨、苍溪县亭子镇大营村）	8.12	27.1	1.68	135	5.5	58
2017-428-4702	编号 1（梨花村五社）	8.20	15.7	1.13	100	11.0	227
2017-428-4703	编号 2（梨花村四社地表下 30 cm）	7.04	19.1	1.25	125	10.3	67
2017-428-4704	编号 3（梨花村七社地表下 30 cm）	6.99	17.7	1.23	127	5.5	57
2017-428-4705	秋葵第 3 层	6.89	14.9	0.89	96	5.9	71
2017-428-4706	芦笋、秋葵第 1 层	5.96	26.1	1.49	154	14.8	61
2017-428-4707	秋葵、茼蒿第 2 层	6.70	19.7	1.18	117	21.0	85

参考文献

[1] 四川省旺苍县志编纂委员会 . 旺苍县志 [M]. 成都：四川人民出版社，1996：17-18.

[2] 唐圣钧，程志刚，王东海，等 . 基于 DEM 的贵州山区气温和降水推算方法研究 [J]. 西南大学学报（自然科学版），2015，37(1)：128-137.

[3] 苏占胜，陈晓光，黄峰，等 . 基于 GIS 的宁夏气候要素推算及农业气候资源分析 [J]. 干旱地区农业研究，2008，26(4)：242-249.

[4] 郭迎春 . 太行山燕山山地降水推算方法研究 [J]. 地理与地理信息科学，1994(3)：35-39.

[5] 钱锦霞，张建新，王果静，等 . 基于 City Star 地理信息系统的农业气候资源网格点推算 [J]. 中国农业气象，2003，24(1)：47-50.

[6] 康锡言，马辉杰，赵春雷 . 太行山农业气候区划中年降水量推算模型研究 [J]. 华北农学报，2004，19(4)：111-113.

[7] 薛丽芳，王春林，申双和．粤北南岭精细化气候资源分布及区划研究 [J]. 中国农业气象，2011(s1)：178-183.
[8] 杨青，史玉光，袁玉江，等．基于 DEM 的天山山区气温和降水序列推算方法研究 [J]. 冰川冻土，2006，28(3)：337-342.
[9] 卢其尧，傅抱璞，虞静明．山区农业气候资源空间分布的推算方法及小地形的气候效应 [J]. 自然资源学报，1988，9(2)：27-29.
[10] 汪璇，吕家恪，刘洪斌，等．基于 GIS 的重庆农业气候资源空间分布精细模拟研究 [J]. 中国农学通报，2009，25(14)：256-262.
[11] 傅抱璞．极端最低温度的推算与小地形订正 [M]. 北京：气象出版社，1988.
[12] 中国气象局．中国风能资源评估报告 [M]. 北京：气象出版社，2010.
[13] 谢今范，刘玉英，王玉昆，等．东北地区风能资源空间分布特征与模拟 [J]. 地理科学，2014，34(12)：1497-1503.
[14] 中华人民共和国国家质量监督检验检疫总局．风电场风能资源评估方法 [S]. 北京：中国标准出版社．2002.
[15] 钟燕川，马振峰，徐金霞，等．基于地形分布式模拟的四川省太阳能资源评估 [J]. 西南大学学报：自然科学版，2018(7)：115-121.
[16] 杨淑群，詹兆渝，范雄．四川省太阳能资源分布特征及其开发利用建议 [J]. 高原山地气象研究，2007，27(2)：15-17.
[17] 张顺谦，冯万瑞．四川太阳辐射旬辐照量的气候计算 [J]. 太阳能学报，1992(3)：263-270.
[18] 曾燕，邱新法，刘昌明，等．基于 DEM 的黄河流域天文辐射空间分布 [J]. 地理学报，2003，58(6)：810-816.
[19] 王丽，邱新法，王培法，等．复杂地形下长江流域太阳总辐

射的分布式模拟 [J]. 地理学报，2010，65(5)：543-552.
[20] 文明章，吴滨，林秀芳，等 . 福建沿海 70 米高度风能资源分布特点及评估 [J]. 资源科学，2011，33(7)：1346-1352.
[21] 谷晓平，袁淑杰，史岚，等 . 贵州高原复杂地形下太阳总辐射精细空间分布 [J]. 山地学报，2010，28(1)：96-102.
[22] 吴俊铭，徐永灵 . 贵州山地猕猴桃气候源开发利用研究 [J]. 中国农业气象，1995，16(4)：26-29.
[23] 何可杰，李建军，屈学农 . 基于 GIS 的宝鸡市猕猴桃气候区划 [J]. 陕西气象，2014(2)：24-27.
[24] 曾永美，高阳华，杨世琦 . 基于 GIS 的重庆市万盛区猕猴桃气候区划分析 [J]. 重庆师范大学学报：自然科学版，2012，29(2)：89-93.
[25] 贺文丽，李星敏，朱琳，等 . 基于 GIS 的关中猕猴桃气候生态适宜性区划 [J]. 中国农学通报，2011，27(22)：202-207.
[26] 叶茵，王天镜 . 人工种植猕猴桃的气候条件分析 [J]. 贵州气象，2013，37(4)：41-44.
[27] 叶清安 . 邛崃市猕猴桃种植气候条件分析 [J]. 现代农业科技，2017(2)：209-209.
[28] 屈振江，周广胜 . 中国主栽猕猴桃品种的气候适宜性区划 [J]. 中国农业气象，2017，38(4)：257-266.
[29] 蔺睿 . 苍溪县猕猴桃生长的气候条件分析 [J]. 南方农业，2017，11(29)：15-15.
[30] 何令星，汪强，汪小鹏 . 祁门县发展猕猴桃种植的气候条件分析 [J]. 现代农业科技，2016(16)：212-212.
[31] 贺志智，张生浩，刘明星 . 湖南省永顺县猕猴桃种植的气候条件分析 [J]. 北京农业，2015(9).
[32] 唐红祥 . 修文县猕猴桃种植的气候适宜性分析 [J]. 农技服务，2013，30(4)：408-408.

[33] 张毅军，颜胜安. 眉县猕猴桃气候适应性分析及灾害防御 [J]. 陕西气象，2013(4)：33-35.
[34] 黄伟娇，黄炎和，金志凤. 基于 GIS 的杭州市山核桃种植生态适宜性评价 [J]. 浙江农业学报，2013，25(4)：845-851.
[35] 艾应伟，裴娟，刘浩，等. 四川盆周山区猕猴桃耕地土壤特性及施肥技术 [J]. 中国农学通报，2009，25(18)：308-310.
[36] 张玮玮，申双和，刘敏，等. 湖北省茶树种植气候区划 [J]. 气象科学，2011，31(2)：153-159.
[37] 王胜，吴蓉，谢五三，等. 基于 FloodArea 的山洪灾害风险区划研究 —— 以淠河流域为例 [J]. 气候变化研究进展，2016，12(5)：432-441.
[38] 张明达，李蒙，戴丛蕊，等. 基于 FloodArea 模型的云南山洪淹没模拟研究 [J]. 灾害学，2016(1)：78-82.
[39] 刘敏，权瑞松，许世远. 城市暴雨内涝灾害风险评估 [M]. 北京：科学出版社，2012.
[40] 章国材. 暴雨洪涝预报与风险评估 [M]. 北京：气象出版社，2012.